# 光电测试技术实验教程

主　编　田亮亮　胡　荣　蒲　勇

副主编　彭玲玲　滕柳梅　黎军军　闫恒庆

科学出版社

北　京

# 内 容 简 介

本书共 3 章。第 1 章介绍实验要求及安全注意事项。第 2 章系统地介绍实验数据处理与误差分析方法，并在此基础上介绍数据分析软件 Origin 与 Excel 的使用。第 3 章为实验部分，详细介绍 X 射线衍射实验、扫描电镜的操作、原子力显微镜技术、四探针测试技术、电化学传感测试技术、光谱电化学测试技术、太阳能电池测试技术、发光材料测试技术和光色测试技术。

本书可作为高等院校光信息科学与技术、信息显示与光电技术、光电信息工程、光电子材料与器件等专业本科生或研究生的实验教程，也可供相关专业教师、科研人员参考。

**图书在版编目(CIP)数据**

光电测试技术实验教程 / 田亮亮, 胡荣, 蒲勇主编. — 北京 : 科学出版社, 2017.1
普通高等教育电子电气信息类应用型本科系列规划教材

ISBN 978-7-03-051462-2

Ⅰ.①光⋯　Ⅱ.①田⋯②胡⋯③蒲⋯　Ⅲ.①光电检测–测试技术–高等学校–教材　Ⅳ.①TN206

中国版本图书馆 CIP 数据核字（2017）第 009310 号

责任编辑：张　展　李小锐 / 责任校对：韩雨舟
责任印制：罗　科 / 封面设计：墨创文化

**科 学 出 版 社 出版**

北京东黄城根北街 16 号
邮政编码：100717
http://www.sciencep.com

**成都锦瑞印刷有限责任公司** 印刷
科学出版社发行　各地新华书店经销

\*

2017 年 2 月第 一 版　　　开本：787×1092 1/16
2017 年 2 月第一次印刷　　印张：9.75
字数：220 千字
定价：28.00 元
（如有印装质量问题，我社负责调换）

# 前　言

随着光电技术的快速发展，光电材料与器件在新能源、半导体照明、光电传感、信息显示等领域的应用日趋广泛。因而，有关光电材料、器件的结构表征与性能测试就显着尤为重要。

本书由重庆文理学院新材料技术研究院的老师们共同编写而成，总结了编者长期的实践和教学经验，主要由 3 章组成。第 1 章介绍实验室规章制度、操作规范与安全注意事项等，由蒲勇、滕柳梅、闫恒庆共同编写。第 2 章为实验数据的分析与处理，主要涉及误差分析、Excel、Origin 软件的介绍与实例运用，由胡荣、彭玲玲、黎军军共同编写。第 3 章为实验部分，精选了 9 个与光电研究领域密切相关的测试技术，其中 X 射线衍射与扫描电子显微镜表征技术由蒲勇编写，原子力显微镜技术由滕柳梅编写，四探针测试技术由阮海波编写，电化学传感器测试技术由田亮亮编写，光谱电化学测试技术由胡荣编写，太阳能电池性能测试技术由程江编写，发光材料测试技术与光色测试技术由彭玲玲编写。

本书的写作特点如下：

(1)从技术现状出发，注重与现代光电领域紧密结合，并与高等教育教学改革的理念相适应；

(2)注重内容的科学性、严谨性、先进性、实用性和针对性；

(3)与光电测试密切相关，详略得当。

本书可作为高等院校光信息科学与技术、信息显示与光电技术、光电信息工程、光电子材料与器件等专业本科生或研究生的实验教程，也可作为相关专业科研人员和工程技术人员的参考用书。

本书的出版得到了重庆文理学院教材项目资助，在此表示感谢。

限于编者的水平，书中难免存在疏漏和不足之处，恳请广大读者批评指正。

田亮亮

2017 年 2 月于重庆文理学院

# 目　　录

# 第1章 绪 论

## 1.1 开课的意义和目的

### 1.1.1 开课的背景和意义

本课程系统介绍了有关光电测试技术的各种仪器分析方法、原理及应用,仪器装置结构等,并介绍了光电材料检测中常用测试技术。作为光电材料与器件卓越工程师实验班的学生,了解并掌握这些常用测试技术属于必备技能。

### 1.1.2 开课的目的

(1)让学生掌握光电材料主要分析技术方法的基本原理,仪器的简单结构和应用,了解较先进的材料分析方法和应用。

(2)培养学生根据目的和要求,结合各种仪器分析方法的特点和应用范围,选择适宜的方法解决相应问题的能力,为后续课程的学习和今后的科研工作打下坚实的基础。

(3)培养学生的动手能力、观察能力、逻辑思维能力、想象能力、表达能力和处理实验结果的能力。

(4)培养学生课前预习实验内容,了解实验仪器的习惯,养成勤奋学习、求真务实的科学精神。

## 1.2 实验要求

### 1.2.1 实验室规章制度

(1)学生实验前必须认真阅读实验指导书,熟悉实验内容,明确实验目的、要求和注意事项。

(2)学生进入实验室,应注意个人卫生,不得将食物等带入室内,保持环境整洁,不得高声喧哗和打闹,不得抽烟、喝酒和随地吐痰,注意举止文明。

（3）实验过程中必须注意安全，防止人身伤害和设备事故的发生。若发生意外事故需立即切断电源，及时向指导教师报告，并保护现场，不得自行处置。经指导教师查明原因排除故障后，方可继续实验。

（4）进行实验时应严肃认真、专心细致，严格遵守安全操作规程，认真记录实验数据，服从指导教师的安排。

（5）实验时应爱护仪器设备、节约实验材料，未经许可不得使用与本实验无关的仪器设备和其他物品，不得将任何附件带出实验室。

（6）实验完毕，要办好仪器交接和归还手续，做好台面及周边卫生，由指导教师检查仪器设备、材料和实验记录，经指导老师同意后方可离开。

（7）实验完成后要认真分析实验结果，处理实验数据，完成实验报告，总结实验效果。

（8）对违反实验规章制度和操作规程、擅自动用与本实验无关的仪器设备、私自拆卸仪器等造成事故和损失的，须写出书面检查，视情节轻重进行处理。

## 1.2.2　实验准备要求

（1）遵守实验室的各项规章制度，了解消防设施和安全通道的位置。

（2）实验前要认真预习实验教材，理解实验原理，掌握仪器设备使用规则，了解实验步骤，探寻影响实验结果的关键环节，做好必要的预习笔记。未预习者不得进行实验。

（3）实验者要准备好记录本，在记录本上拟定好实验方案和操作步骤，预先记录必要常识与计算公式。

（4）实验前，由指导教师对实验原理和结构进行必要的讲解，并检查学生对实验内容的预习情况，必要时先由指导教师进行演示试验后，经指导教师许可方可进行实验。

## 1.2.3　实验注意事项

（1）特殊实验仪器和药品，要向教师领取，完成试验后立即归还。

（2）在老师的现场指导下进行实验，严格按仪器操作规程进行，禁止私自更改仪器的各项设置。实验完毕，由实验老师检查仪器后方可离开实验室。

（3）在实验过程中，实验室应保持安静，保持实验场所整洁。人人都应遵守实验室管理规定，养成良好的科学态度和实验习惯。使用药品、试剂、水、电、气等都应本着节约原则，不得浪费。

（4）实验过程中要认真观察实验现象，实验中所有测试数据必须随时记在专用的记录本上，不得随意涂改。准确记录实验数据和分析实验结果，注意手脑并用，积极思考，善于发现和解决实验过程中出现的问题，养成良好的实验习惯。

（5）实验中发现异常情况或遇到故障应及时排除，实验者本人不能排除时，应立即报告指导教师或工作人员，及时采取应对措施。

(6)实验结束后按要求关好水电气，将仪器复原。打扫好室内卫生，结束工作检查合格后，将实验数据交指导教师检查签字，方可离开实验室。

## 1.2.4　实验预习报告和实验报告的格式要求

### 1.　实验预习报告

实验预习是实验课程的一个必要阶段，对学生全面认识和了解新的实验项目具有重要的意义。预习报告作为检验学生是否认真进行实验准备的手段，可以作为评定实验成绩的一个重要依据，并且规定没有预习实验的学生不能进行某些实验操作。对于实验预习的具体要求和相关说明如下：

(1)实验预习报告在实验前由实验教师检查，并最终与实验报告一同按时上交。

(2)实验预习最常见的形式是纸质手写实验预习报告。预习报告不同于总结性的实验报告，因此可以采取灵活的书写样式，但基本上应包括学生个人信息、实验时间和地点、实验项目名称、实验目的、实验原理、实验内容和步骤、实验要求和注意事项七大部分。在书写规范上要求书面整洁，条理清晰，内容描述尽可能具体详细。

(3)清楚把握实验预习的重点。在明确实验目的和实验名称的前提下，根据不同的实验目的把握不同的预习侧重点，这其中包括实验原理、实验操作步骤、仪器结构和操作要领、安全注意事项、数据分析方法等方面。

(4)在进入实验室之前，学生需要仔细阅读实验内容和牢记实验注意事项，也可积极参考网上实验学习辅导，必要时查阅相关资料，帮助理解实验原理，了解实验仪器和实验方法，明确实验目的。预习中如遇到疑问，应及时记录下来，带着问题进入实验室，认真倾听实验教师讲解示范，在讨论、思考和实验中解答疑问，并按照实验步骤动手操作完成整个实验过程。

---

**实验预习报告范例**

课程名称：_____

实验项目名称：_____

实验时间：_____

学生姓名：_____

学生学院、年级与专业：_____

实验教师：_____

(一)实验目的与要求

A.　实验目的

　　1. ××××××

　　2. ××××××

　　B.　实验要求和注意事项

　　1. ××××××

　　2. ××××××

　　(二)实验原理及仪器介绍

　　(预习实验内容,查阅相关资料,用自己的语言叙述与实验相关的原理、公式;介绍仪器的大致结构和对应部分的功能。此部分内容应尽可能详细、内容连贯,但不能照抄实验讲义)

　　(三)实验内容与步骤

　　A.　实验内容

　　(光电测试技术实验要求学生通过对样品的测试,了解仪器的相关知识,掌握测试仪器和相关应用软件的使用方法,因此实验内容应包括对测试样品的前期处理、测试样品的固定和放置、测试软件的使用、测试数据的分析等)

　　B.　实验步骤

　　1. ××××××

　　2. ××××××

　　(四)预习中遇到的问题

　　1. ××××××

　　2. ××××××

　　(五)实验数据或实验相关记录

## 2.　实验报告

　　实验报告是对实验深度认识和学习之后的一次全面总结。学生通过前期的预习、实验室现场操作或观摩,形成了直观的测试情境,加深了对实验目的、实验原理、实验操作、数据处理等部分的理解,最后以书面报告的形式整理和汇报出来。与预习报告不同,实验报告应该是经过思考和凝练之后的结果,因此语言要尽可能概括和简练且能表达原意,避免冗长的表述,报告的重点集中在数据处理和分析讨论上。具体的要求如下:

　　(1)学生需在规定的时间内独立完成实验报告,不得抄袭他人结果。

　　(2)实验报告要求一律手写,不接受打印形式,并与预习报告一同上交。

　　(3)实验报告要求字迹清晰,书写规范,数据图表清晰明白,不得随意删改。

　　(4)对需要计算机绘制的图表,可打印附在实验报告后,但数据结果分析和讨论部分仍需手写。

　　(5)尝试回答实验讲义后针对实验提出的思考题。

---

**实验报告范例**

课程名称：＿＿＿＿＿＿＿＿＿＿＿＿＿＿＿＿＿＿＿＿＿＿

实验项目名称：＿＿＿＿＿＿＿＿＿＿＿＿＿＿＿＿＿＿

实验教师：＿＿＿＿＿＿＿＿＿＿＿＿＿＿＿＿＿

学生姓名：＿＿＿＿＿＿＿＿＿＿＿＿＿＿＿

学生学院、年级与专业：＿＿＿＿＿＿＿＿＿＿＿＿＿

实验时间：＿＿＿＿＿＿＿＿＿＿＿＿＿＿＿＿

报告提交时间：＿＿＿＿＿＿＿＿＿＿＿＿＿＿

一、实验目的

1. ××××××

2. ××××××

二、实验原理

（不同于预习报告，实验报告中实验语言要简练，内容要概括）

三、实验步骤

1. ××××××

2. ××××××

四、实验结果与数据分析讨论

---

# 1.3　安全注意事项

在实验室里，安全是非常重要的，它常常潜藏着发生爆炸、着火、中毒、灼伤、割伤、触电等事故的危险。因此实验人员应学习如何防止这些事故的发生以及发生后如何进行紧急处理。

## 1.3.1　化学药品使用安全

实验室中的化学药品主要是指在化学试验、化学分析、化学研究及其他试验中使用的各种纯度等级的化合物或单质。化学药品容易受到温度、光辐照、空气和水分等外在因素的影响而发生潮解、霉化、变色、聚合、氧化、挥发、升华和分解等物理化学变化。因此在使用化学药品过程中应时刻保持高度警惕，做好必要的防护措施，以免造成不必要的人身伤害和财产损失。

**1. 化学药品的分类**

依据《GB13690—2009 化学品分类和危险性公示通则》，我国将危险化学品按照其危险性划分为以下 8 类：

1）爆炸品

本类化学品指在外界（如受热、摩擦、撞击等）作用下，能发生剧烈的化学反应，瞬时产生大量的气体和热量，使周围压力急骤上升，发生爆炸，对周围环境造成破坏的物品，不包括无整体爆炸危险，但具有燃烧、抛射及较小爆炸危险的物品。

2）压缩气体和液化气体

压缩气体和液化气体指压缩、液化或加压溶解的气体，并符合下述两种情况之一者：①临界温度低于 50℃，或在 50℃时，其蒸气压力大于 294 kPa 的压缩或液化气体；②温度在 21.2℃时，气体的绝对压力大于 257 kPa，或在 54.4℃时，气体的绝对压力大于 715 kPa 的压缩气体；或在 37.8℃时，雷德蒸气压力大于 275 kPa 的液化气体或加压溶解气体。本类物品当受热、撞击或强烈震动时，容器内压力会急剧增大，致使容器破裂爆炸，或导致气瓶阀门松动漏气，酿成火灾或中毒事故。

按其性质分为以下三项：①易燃气体；②不燃气体（包括助燃气体）；③有毒气体。

3）易燃液体

易燃液体指闭杯闪点等于或低于 61℃的液体、液体混合物或含有固体物质的液体，但不包括由于其危险性已列入其他类别的液体。本类物质在常温下易挥发，其蒸气与空气混合能形成爆炸性混合物。

4）易燃固体、自燃物品和遇湿易燃物品

该类物品易于引起和促成火灾。按其燃烧特性分为以下三项：①易燃固体：指燃点低，对热、撞击、摩擦敏感，易被外部火源点燃，燃烧迅速，并可能散发出有毒烟雾或者有毒气体的固体；②自燃物品：指自燃点低，在空气中易于发生氧化反应，放出热量，而自行燃烧的物品；③遇湿易燃物品：指遇水或受潮时，发生剧烈化学反应，放出大量的易燃气体和热量的物品。有些不需明火，即能燃烧或爆炸。

5）氧化剂和有机过氧化物

该类物品具有强氧化性，易引起燃烧、爆炸。按其组成分为以下两项：①氧化剂指处于高氧化态，具有强氧化性，易分解并放出氧和热量的物质。包括含有过氧基的无机物，其本身不一定可燃，但能导致可燃物的燃烧；与粉末状可燃物能组成爆炸性混合物，对热、震动或摩擦较为敏感。按其危险性大小，分为一级氧化剂和二级氧化剂。②有机过氧化物指分子组成中含有过氧键的有机物，其本身易燃易爆、极易分解，对热、震动和摩擦极为敏感。

6）毒害品和感染性物品

本类物品指进入肌体后，累积达一定的量，能与体液和组织发生生物化学作用或生物物理学作用，扰乱或破坏肌体的正常生理功能，引起暂时性或持久性的病理改变，甚至危及生命的物品。具体指标为经口：$LD_{50} \leqslant 500mg/kg$（固体），$LD_{50} \leqslant 2000mg/kg$（液体）；经皮（24 h 接触）：$LD_{50} \leqslant 1000mg/kg$（固体）；吸入：$LC_{50} \leqslant 10mg/L$（粉尘、烟雾）。该类分为毒害品、感染性物品两项。其中毒害品按其毒性大小分为一级毒害品和二级毒害品。

7)放射性物品

该类物品的分项方法很多,比较常用的有以下几种:

(1)按物理形态分项。①固体放射性物品:如钴60、独居石等;②粉末状放射性物品:如夜光粉、铈钠复盐等;③液体放射性物品:如发光剂、医用同位素制剂磷酸二氢钠-P32等;④晶粒状放射性物品:如硝酸钍等;⑤气体放射性物品:如氪85、氩41等。

(2)按放出的射线类型分项。①放出α、β、γ射线的放射性物品:如镭226;②放出α、β射线的放射性物品;如天然铀;③放出β、γ射线的放射性物品:如钴60;④放出中子流(同时也放出α、β或γ射线中的一种或两种)的放射性物品:如镭-铍中子流,钋-铍中子流等。

(3)按放射性大小分为一级放射性物品、二级放射性物品、三级放射性物品。

8)腐蚀品

腐蚀品是指能灼伤人体组织并对金属等物品造成损坏的固体或液体。与皮肤接触在4h内可见皮肤坏死现象,或温度在55℃时,对20号钢的均匀年腐蚀率超过6.25 mm/a的固体或液体。该类按化学性质分为三项:①酸性腐蚀品;②碱性腐蚀品;③其他腐蚀品。按其腐蚀性的强弱又细分为一级腐蚀品和二级腐蚀品。

## 2. 化学药品使用中容易产生的危害

(1)腐蚀性化学药品损伤或烧毁皮肤。

(2)易燃化学危险品因一些日常动作,如开关电源、穿脱衣服而引起燃烧或爆炸。

(3)配制、使用化学药品不当引起爆炸或者液体飞溅。

(4)随意倾倒化学废液导致环境污染等实验事故。

## 3. 化学药品使用中的安全注意事项

(1)使用化学药品前,要详细查阅有关该化学药品的使用说明,充分了解化学药品的物理和化学特性。

(2)严格遵照操作规程和使用方法,避免对自己和他人造成危害。

(3)佩戴合适的个人保护器具,在通风橱中操作实验。

(4)实验中不得擅自离开岗位。

(5)了解化学药品的使用、保存、安全处理和废弃的程序。

(6)清楚工作的地方所用的危害性物质,了解它们对身体健康造成的危害,注意采取相应的预防措施。清楚当接触到化学危险品产生损伤时应采用的应急措施并有所准备。

(7)从事化学类有毒有害物质的工作可享受适当级别的营养保健。

(8)化学危险品使用过程中一旦出现事故,应及时采取相应控制措施,并及时向有关老师和部门报告。

**4. 化学药品使用中的紧急事故处理办法**

(1)通知事故现场人员，穿戴防护设备，包括防护眼镜、手套和防护衣等。

(2)避免吸入溅出物产生的气体，将溅出物影响区域控制在最小范围。

(3)用合适的化合物去中和、吸收无机酸。

(4)收集残留物并放置在容器内，当作化学废弃物处理。

## 1.3.2　安全用电

实验室是用电比较集中的地方，人员多、设备多、线路多，安全用电是一个非常重要的问题。实验室常用电为 50 Hz，220 V/380V 的交流电。220 V/380V 电的危险性主要是在于电击和电灼烧。人体通过 1 mA 的电流，便有发麻或针刺的感觉，10 mA 以上人体肌肉会强烈收缩，25 mA 以上则呼吸困难，就有生命危险，直流电对人体也有类似的危险。违章用电可能造成人员伤亡、火灾、损坏仪器设备等严重事故。

**1. 用电中容易产生的危害**

(1)被电击导致受伤甚至死亡。

(2)电路短路导致爆炸和火灾。

(3)电弧或电火花点燃易燃物品或者引爆具有爆炸性的材料。

(4)冒失地开启或操作仪器设备导致仪器设备的损坏、身体受伤。

(5)电器过载使机器损坏、断路或燃烧。

**2. 用电中的安全注意事项**

(1)当手、脚或身体沾湿或站在潮湿的地板上时，切勿启动电源开关、触摸电器用具。

(2)禁止用湿抹布擦拭电气设备，只能在拉闸或拔出插头后才能进行。

(3)经常检查电线、插座或插头，一旦发现损毁要立即更换。

(4)电炉、高压灭菌锅等用电设备在使用过程中，使用人员不得离开。

(5)电器用具要保持在清洁、干燥和良好的情况下使用，清理电器用具前要将电源切断。

(6)在使用移动电动工具时若有漏电、震动异常异声、过热时，应立即停用，找专业检修者修理，切勿私自拆修。

(7)切勿带电插、接电气线路及维修设备。

(8)非电器施工专业人员，切勿擅自拆、改电气线路。

(9)使用电器时，应注意输电网所规定的电压与所允许通过最大电流强度，切勿将110 V 的电器插入 220 V 的插座，工业用电的电器插入民用照明插座中。

(10)不要在一个电源插座上通过转接头连接过多的电器。

(11)禁止在插座、开关、电线上挂任何物品，禁止任意加大更换保险丝。

(12)不要擅自使用大功率电器，如有特殊需要必须与学校主管部门联系。

(13)实验室内禁止私拉电线。

(14)若仪器中有高压电部分，应有防护、警示标识，标示"高压危险"处，禁止未经许可擅自进入。

(15)手持用电设备，如手电钻、电烙铁、去湿机、电吹风、电炉等，极易引起人身安全事故，应特别注意防范。

(16)电气仪器设备的金属外壳，应有保护接地(单相220 V)、接零(三相380 V)。应经常检查接地有否折断，螺丝是否松动，有否腐蚀现象。

**3. 用电中紧急事故处理办法**

(1)发现电器设备及线路冒烟失火，应立即切断电源，迅速用灭火器进行灭火，切忌用水灭火。

(2)发现插头、插座、电线发热，应切断电源，找专业人员处理。

(3)发现有人触电，应立即切断电源并用绝缘物将触电者与漏电处脱离，把触电者移到室外，进行人工呼吸抢救，必要时立即与医疗单位联系。

## 1.3.3 安全用气

实验室中会用到各种压缩气体，在使用过程中我们应了解各种气体的理化性能并增强安全意识。在实验室可以使用气体钢瓶直接获得各种气体。气体钢瓶是储存压缩气体的特制的耐压钢瓶。使用时，通过减压阀(气压表)有控制地放出气体。由于钢瓶的内压很大(有的高达15 MPa)，而且有些气体易燃或有毒，所以在使用钢瓶时要注意安全。

**1. 常用高压气体的常识和防护知识**

1)常用高压气体的种类

(1)压缩气体：氧、氢、氮、氩、氨、氦等。

(2)溶解气体：乙炔(溶于丙酮中，加油活性炭)。

(3)液化气体：二氧化碳、一氧化氮、丙烷、石油气等。

(4)低温液化气体：液态氧、液态氮、液态氩等。

2)常用高压气体的性质

(1)氧：无色、无嗅、比空气略重，助燃，助呼吸，阀门及管道禁油。氧气是强烈的助燃烧气体，高温下，纯氧十分活泼；当温度不变而压力增加时，可以与油类发生急剧的化学反应，并引起发热自燃，进而产生强烈爆炸。

(2)氢：无色、无味，比空气轻，易燃，易爆，禁止接触火源。氢气密度小，易泄漏，扩散速度很快，易和其他气体混合。氢气与空气混合气的爆炸极限：空气中含量为18.3∶59.0(体积比)。此时，极易引起自燃自爆，燃烧速度约为2.7m/s。

(3)氨：无色、有刺激性气味，比空气轻，易液化，极易溶于水、乙醇和乙醚。在高温时分解成氮气和氢气，有还原作用。有催化剂存在时可被氧化成一氧化氮。能灼伤皮肤、眼睛、呼吸器官的黏膜。

(4)氩：无色、无味的惰性气体，对人体无直接危害，但在高浓度时有窒息作用。当空气中氩浓度增高时，先出现呼吸加速，注意力不集中，共济失调。继而出现疲倦乏力、烦躁不安、恶心、呕吐、昏迷、抽搐。液态氩可致皮肤冻伤，眼部接触可引起炎症。

(5)氦：无色、无味，不可燃气体，在空气中不会发生爆炸和燃烧，但在高浓度时有窒息作用。另外，如果是由高压气瓶中直接吸入氦气，其高流速会严重破坏肺部组织。大量及长时间吸入氦气可导致脑损伤甚至死亡。

(6)氮：无色、无嗅，比空气稍轻，难溶于水。空气中氮气含量过高，使吸入氧气分压下降，引起缺氧窒息。吸入氮气浓度不太高时，患者最初感胸闷、气短、疲软无力；继而有烦躁不安、极度兴奋、乱跑、叫喊、神情恍惚、步态不稳，称之为"氮酩酊"，可进入昏睡或昏迷状态。吸入高浓度氮气时，患者可迅速昏迷、因呼吸和心跳停止而死亡。

(7)乙炔：无色、无嗅，比空气轻，易燃，易爆，禁止接触火源，具有麻醉作用。含有7%～13%乙炔的乙炔−空气混合气，或含有30%乙炔的乙炔−氧气混合气最易发生爆炸。乙炔和氯、次氯酸盐等化合物也会发生燃烧和爆炸。

(8)一氧化二氮($N_2O$)：又称笑气，无色，带芳香甜味，比空气重，助燃，具有麻醉兴奋作用，受热时可分解成为氧和氮的混合物，如遇可燃性气体即可与此混合物中的氧化合燃烧。

3)用气注意事项及应急处理办法

(1)使用气体时，应保持良好的自然通风条件。

(2)操作人员必须经过专门培训，严格遵守操作规程。

(3)在使用有毒气体时，应做好呼吸系统及眼睛等的防护。

(4)如遇气体泄漏，应迅速脱离现场至空气新鲜处，保持呼吸道的畅通。

(5)如呼吸困难，应及时输氧，如呼吸停止，应立即进行人工呼吸，及时就医。

(6)遇气体爆炸和燃烧，应使用适宜其阻燃性质的灭火器。

## 2. 高压气瓶的安全使用和防护知识

1)高压气瓶的标志

高压气瓶表面涂敷的字样内容、色环数目和涂膜颜色按充装气体的特性作规定的组合，是识别充装气体的标志。充装常用气体的高压气瓶标志见表1-3-1。

表 1-3-1　常用高压气瓶标志一览表

| 序号 | 充装气体名称 | 化学式 | 瓶色 | 字样 | 字色 | 色环 |
|---|---|---|---|---|---|---|
| 1 | 乙炔 | $C_2H_2$ | 白 | 乙炔不可近火 | 大红 | |
| 2 | 氢 | $H_2$ | 淡绿 | 氢 | 大红 | P=20，淡黄色单环<br>P=30，淡黄色双环 |
| 3 | 氧 | $O_2$ | 淡(酞)兰 | 氧 | 黑 | |
| 4 | 氮 | $N_2$ | 黑 | 氮 | 淡黄 | P=20，白色单环<br>P=30，白色双环 |
| 5 | 空气 | | 黑 | 空气 | 白 | |
| 6 | 二氧化碳 | $CO_2$ | 铝白 | 液化二氧化碳 | 黑 | P=20，黑色单环 |
| 7 | 氨 | $NH_3$ | 淡黄 | 液化氨 | 黑 | |
| 8 | 氯 | $Cl_2$ | 深绿 | 液化氯 | 白 | |
| 9 | 氟 | $F_2$ | 白 | 氟 | 黑 | |
| 10 | 一氧化氮 | $NO$ | 白 | 一氧化氮 | 黑 | |
| 11 | 二氧化氮 | $NO_2$ | 白 | 液化二氧化氮 | 黑 | |
| 12 | 甲烷 | $CH_4$ | 棕 | 甲烷 | 白 | P=20，淡黄色单环<br>P=30，淡黄色双环 |
| 13 | 氩 | Ar | 银灰 | 氩 | 深绿 | P=20，白色单环<br>P=30，白色双环 |
| 14 | 氦 | He | 银灰 | 氦 | 深绿 | |
| 15 | 二氧化硫 | $SO_2$ | 银灰 | 液化二氧化硫 | 黑 | |
| 16 | 氟化氢 | HF | 银灰 | 液化氟化氢 | 黑 | |

注：色环栏内的 P 是气瓶的公称工作压力，MPa

2)使用高压气瓶的注意事项

高压气瓶内的物质经常处于高压状态，当钢瓶跌落、遇热，甚至不规范的操作时都可能会发生爆炸等危险。钢瓶压缩气体除易爆、易喷射外，许多气体易燃、有毒且具有腐蚀性。因此使用钢瓶时应注意下述几点：

(1)在搬动存放气瓶时，应装上防震垫圈，旋紧安全帽，以保护开关阀，防止其意外转动和减少碰撞。搬运充装有气体的气瓶时，最好用特制的担架或小推车，也可以用手平抬或垂直转动。但绝不允许用手执着开关阀移动。

(2)钢瓶应存放在阴凉、干燥、远离热源(如阳光、暖气、炉火)处。高压气体容器最好存放室外，并防止太阳直射，风吹日晒。可燃性气体钢瓶必须与氧气钢瓶分开存放，互相接触后可引起燃烧。爆炸气体的气瓶(如氢气瓶和氧气瓶)，不能同存一处，也不能与其他易燃易爆物品混合存放。钢瓶直立放置时要固定稳妥；气瓶要远离热源，避免曝晒和强烈振动；一般实验室内存放气瓶量不得超过两瓶。

(3)绝不可使油或其他易燃性有机物沾在气瓶上(特别是气门嘴和减压阀)。也不得用棉、麻等物堵漏，以防燃烧引起事故。

(4)使用钢瓶中的气体时，要用减压阀(气压表)。减压阀中易燃气体一般是左旋开启，其他为右旋开启。各种气体的减压阀、导管不得混用，以防爆炸。不可将钢瓶内的气体全部用完，一定要保留 0.05 MPa 以上的残留压力(减压阀表压)。可燃性气体如乙炔应剩余 0.2~0.3 MPa($2\sim3kg/cm^2$ 表压)。乙炔压力低于 0.2 MPa 时，就应更换，否则钢瓶中丙酮会沿管路流进火焰，致使火焰不稳噪声加大，并造成乙炔管路污染堵塞。氢应保留 2MPa，以防重新充气时发生危险，不可用完用尽。

(5)乙炔管道禁止用紫铜材料制作，否则会形成乙炔铜，乙炔铜是一种引爆剂。

(6)开、关减压器和开关阀时，动作必须缓慢；使用时应先旋动开关阀，后开减压器；用完，先关闭开关阀，放尽余气后，再关减压器。切不可只关减压器，不关开关阀。开瓶时阀门不要充分打开，乙炔瓶旋开不应超过 1.5 转，要防止丙酮流出。

(7)使用高压气瓶时，操作人员应站在与气瓶接口处垂直的位置上。操作时严禁敲打撞击，并经常检查有无漏气，应注意压力表读数。

(8)使用氧气瓶或氢气瓶等，应配备专用工具，并严禁与油类接触。操作人员不能穿戴沾有各种油脂或易感应产生静电的服装、手套操作，以免引起燃烧或爆炸。可燃性气体和助燃气体气瓶，与明火的距离应大于 10m(确难达到时，可采取隔离等措施)。

(9)为了避免各种气瓶混淆而用错气体，通常在气瓶外面涂以特定的颜色以便区别，并在瓶上写明瓶内气体的名称。

(10)各种气瓶必须定期进行技术检查。充装一般气体的气瓶三年检验一次；如在使用中发现有严重腐蚀或严重损伤的，应提前进行检验。气瓶瓶体有缺陷、安全附件不全或已损坏，不能保证安全使用的，切不可再送去充装气体，应送交有关单位检查合格后方可使用。

## 1.3.4 X 射线防护

实验室中的辐射主要是指 XRD 和 SEM 中的 X 射线辐射。X 射线具有很高的穿透本领，能透过许多对可见光不透明的物质。X 射线照射到生物机体时，可使生物细胞受到抑制、破坏甚至坏死，致使机体发生不同程度的生理、病理和生化等方面的改变。长期反复接受 X 射线照射，会导致疲倦、记忆力减退、头痛、白细胞减少等。因此，在接触有 X 射线辐射的仪器时，应注意采取必要的防护措施。

(1)实验人员必须掌握并遵守放射防护知识和有关法规，严格执行操作规程，避免空气污染、表面污染及外照射事故的发生。

(2)避免身体各部位(尤其是头部)直接受到 X 射线照射，操作时需要屏蔽和缩短时间，屏蔽物常用铅、铅玻璃等。

(3)发生放射性事故后，应立即上报并采取妥善措施，减少和控制事故的危害和影响。

实验室安全常识及常用数据列表见表 1-3-2~表 1-3-6。

表 1-3-2　易爆可燃气体在空气中的混合物界限

| 气体名称 | 气体成分 | | | | | | 爆炸上限/% | 爆炸下限/% |
|---|---|---|---|---|---|---|---|---|
| 氨/氢 | $NH_3/H_2$ | | | | | | 27.0/74.2 | 15.5/4.0 |
| 甲醇/乙醇 | $CH_3OH/C_2H_5OH$ | | | | | | 36.5/19 | 6.7/3.3 |
| 一氧化碳 | CO | | | | | | 74.2 | 12.5 |
| 硫化氢/丙酮 | $H_2S/CH_3OCH_3$ | | | | | | 45.5/12.8 | 4.3/2.6 |
| 甲烷 | $CH_4$ | | | | | | 15.0 | 5.3 |
| | $CO_2$ | $O_2$ | CO | $H_2$ | $CH_4$ | $N_2$ | | |
| 水煤气 | 6.2 | 0.3 | 39.2 | 49.0 | 2.3 | 3.0 | 69.5 | 6.9 |
| 半水煤气 | 7.0 | 0.3 | 32.0 | 40.0 | 0.8 | 20.0 | 70.6 | 8.1 |
| 发生炉煤气 | 6.2 | 0 | 27.3 | 12.4 | 0.7 | 53.4 | 73.7 | 20.3 |
| 乙炔/苯 | | | | | | | 80.5/6.75 | 2.6/1.4 |

表 1-3-3　常见有毒有害气体在空气中的极限许可浓度

| 气体名称 | 极限许可浓度/$(mg/m^3)$ | 备注 |
|---|---|---|
| 氮氧化物($NO_x$) | 5(以 $N_2O_5$ 计) | 刺激性 |
| 汞 | 0.01 | 有毒 |
| 氨气 | 30 | 有刺激性气味,有毒 |
| 硫化氢 | 10 | 腐卵般气味,极毒 |
| 二氧化碳 | 20 | 强烈刺激性 |
| 二硫化碳 | 10 | 讨厌气味(光线分解所放),易着火(0.063g/L) |
| 氰化氢 | 0.3 | 苦杏仁气味,剧毒 |
| 苯 | 100 | 有毒 |
| 一氧化碳 | 30 | 有毒 |

#### 表 1-3-4　火灾的一般扑灭方法

| 燃烧物 | 起初期的扑灭剂 |
| --- | --- |
| 羊毛、纸张、织物、垃圾 | 砂、水、二氧化碳泡沫 |
| 石油、食用品、苯、油漆、煤膏（油） | 二氧化碳、二氧化碳泡沫石棉毯、毛毯 |
| 溶于水的可燃物：酒精、乙醚、甲醇 | 水、二氧化碳泡沫 |
| 电器内或电器停止 | $Cr_4$，禁用水、二氧化碳泡沫 |
| 电动机 | $Cr_4$，禁用砂、水、二氧化碳泡沫 |
| 可燃气 | 任一种气体灭火器，水流、二氧化碳、$Cr_4$ |
| 碱金属、碳化合物、磷化合物等产生的可燃气 | 干砂，禁用水、二氧化碳泡沫、$Cr_4$ |

#### 表 1-3-5　化学药品烧伤急救法

| 化学药品 | 急救法 |
| --- | --- |
| 碱类（NaOH、KOH、NaHCO$_3$、K$_2$CO$_3$） | 大量水冲洗，再用 2％醋酸冲洗 |
| 氢氰酸（含卤金属的氰化物） | 高锰酸钾溶液洗，再用硫化铵溶液冲洗 |
| 溴 | 25％氨水：松节油：36％乙醇(1：1：10)混合剂 |
| 铬酸 | 水冲洗，再用硫铵溶液冲洗 |
| 氢氟酸 | 大量水冲洗，再用 5％小苏打冲洗，用 2 份甘油和 1 份氧化镁的混合剂涂纱布包扎 |
| 磷 | 水冲洗水泡，皮肤用 2％～5％硫酸铜溶液洗涤使成不溶性磷化铜 |
| 碳酸 | 水洗，再用 4 份 10％酒精、1 份 1mol/L 氯化铁混合液冲洗 |
| 硝酸银 | 水洗，再用 5％苏打水冲洗 |
| 酸类（HNO$_3$，H$_2$SO$_4$，HCl）液体 | 水或 2％苏打水冲洗，若有水泡，用红药水、紫药水涂皮肤 |
| 酸类蒸气 | 温水或 2％苏打水冲洗(鼻、眼)或含漱(咽喉) |
| 砷及其化合物 | 水洗，皮肤上涂氧化锌或硼酸软膏；吸入性中毒者，洗肠抢救 |

#### 表 1-3-6　有毒有害气体中毒急救法

| 气体名称 | 急救法 |
| --- | --- |
| 气氨（氨水） | 水冲洗用 3％硼酸水洗后，滴氯霉素眼药水，涂金霉素眼膏 |
| 气氯 | 撤现场，输氧 |
| 氰化氢 | 撤现场，人工呼吸，将 1～3 支亚硝酸戊脂滴在手帕上吸入，注射亚硝酸钠 |
| 硫化氢 | 撤现场，给氧，眼：立即用 2％苏打水洗或 2％硼酸水湿敷 |
| 苯及其同类物 | 输氧，内服和注射大剂量维生素 C 及葡萄糖 |
| 氮氧化物 | 给氧 |
| 二氧化硫 | 2％小苏打洗眼、洗咽喉，给氧 |
| 氧化亚铜 | 吸氧，用抗生素防感染，皮肤用水冲洗 |

# 第 2 章　数据处理方法

## 2.1　Origin 软件简介

Origin 是美国 OriginLab 公司开发的图形可视化和数据分析软件，是科学工作者和工程师常用的高级数据分析和制图工具。自 1991 年问世以来，由于其操作简便、功能开放，很快就成为国际流行的分析软件之一，是公认的简单易学、操作灵活、功能强大的工程制图软件。在国内，其使用范围也越来越广泛，它既可以满足一般用户的制图需要，也可以满足高级用户数据分析、函数拟合的需要。本章结合实际需要以及大量实例，由易到难地介绍 Origin 的功能和使用方法，包括 Origin 的制图方法、函数拟合、数据分析等。

Origin 包括两大主要功能：数据制图和数据分析，Origin 数据制图主要是基于模板，提供 50 多种 2D 和 3D 图形模板，用户可以使用这些模板制图，也可以根据需要自行设置。Origin 数据分析包括排序、计算、统计、平滑、拟合、频谱分析等，使用这些功能强大的工具只需单击工具条按钮或选择菜单命令即可。

### 2.1.1　Origin 7.5 主要结构体系

Origin 7.5 主要结构体系如图 2-1-1 所示。

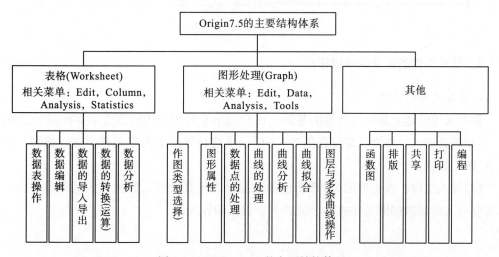

图 2-1-1　Origin 7.5 的主要结构体系

## 2.1.2 Origin 的工作界面、基本编辑命令以及 Tools 工具

### 1. Origin 主界面

Origin 软件的主界面如图 2-1-2 所示，包括标题栏、菜单栏、工具栏、子窗口、工程管理器和状态栏的功能模块。其中标题栏提供 Origin 文档的命名信息和保存路径，菜单栏提供常用的数据编辑和处理命令，工具栏提供常用的编辑、保存、数据导入、显示等快捷工具选项，子窗口栏提供数据编辑的窗口和常用工具，工程管理器栏提供数据和图表项目的标签管理功能，状态栏显示软件运行的状态。

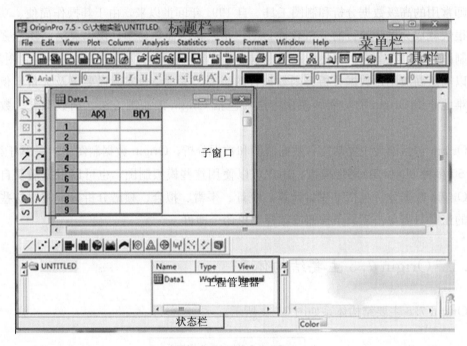

图 2-1-2    Origin 主界面

### 2. 数据文件的建立及编辑修改

1）数据文件的建立

数据文件的建立是数据处理的基础，在 Origin 软件中常用的方法主要有以下三种：

（1）键盘输入。将光标定位在图 2-1-2 所示子窗口界面中的单元格位置，按列分别输入 $X$ 和 $Y$ 数据。

（2）导入文件。点击如图 2-1-3 所示的数据导入工具，进入数据导入的浏览界面，选择需要导入的源数据即可完成一个或者多个数据的导入。

图 2-1-3　数据导入工具

（3）粘贴数据。选择需要作图的原始数据进行复制，在 Origin 软件主界面的子窗口中将光标定位在数据的起始单元格，进行粘贴操作即可建立数据文件。

2）数据的编辑修改

（1）数据的修改。

①替换单元格中的数据：点击该单元格，输入新的值。

②修改单元格中的数据：点击该单元格后，在拟修改的位置单击鼠标进行修改。

（2）在列中插入数据。

①选定拟插入新单元格下方的单元格。

②执行编辑菜单中的插入命令（Edit→Insert）。

③新单元格将插在所选定单元格的上方。

（3）删除数据。

①删除整个工作表中的内容：Edit→Clear Worksheet。

②删除单元格或单元格区域中的内容（单元格保留）：Edit→Clear。

③内容和单元格同时删除：Edit→Delete。

（4）列的插入、删除和重排。

①增加列。

• Column→Add New Columns.

• Add New Columns button

• Right-click→Select Add New Column

②插入列。

• Edit→Insert

• Right-click→Select Insert

③删除列。

• Edit→Delete

• Right-click→Select Delete

• Edit→Clear（保留列）

④移动列。

• Column→Move to First

• Column→Move to Last

**3. Tools 工具栏的使用**

（1）工具栏。Tools 工具是位于主界面左边的一系列常用工具，Tools 工具栏如图 2-1-4所示。

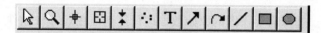

图 2-1-4　Tools 工具栏

（2）Tools 工具栏的打开。打开 Tools 工具栏的方法如图 2-1-5 所示，点击菜单 "View→Toolbars"。

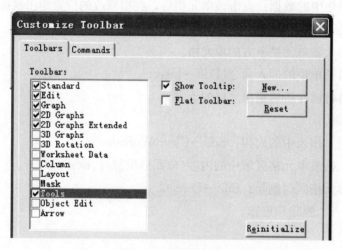

图 2-1-5　工具栏打开

（3）Tools 工具栏的功能。如表 2-1-1 所示。

表 2-1-1　Tools 工具栏的详细功能表

| 符号 | 功能 |
| :---: | :---: |
| ↗ | 箭头工具 |
| ◉ | 画圆工具 |
| ／ | 线工具 |
| ＋ | 屏幕读数 |
| ⌐ | 弯形箭头工具 |
| ⊞ | 显示数据 |

续表

| 符号 | 功能 |
|---|---|
| T | 文本工具 |
| ⥮ | 数据选择 |
| ▣ | 画框工具 |
| ⦙∴⦙ | 画数据点 |

## 2.1.3　图形的绘制和设置

### 1. 图形绘制

(1)绘制单条线。绘制单条曲线只需在数据表中选定一列 $X$ 和 $Y$ 数据，然后点击相应的图形工具。

(2)绘制多条线。同时绘制多条曲线需要在数据表中同时选定多列 $X$ 和 $Y$ 数据，然后点击相应的图形工具；或者先选定图形，打开绘图对话框 Select Columns Plotting 对话框进行 $X$、$Y$ 数据的设定。

### 2. 散点图

(1)画散点图。在试验中测得一组数据，只需输入到 Origin 的 data 对话框中，选中数据，然后点击左下角的 Scatter 键(图 2-1-6)即可得到散点图，以待进一步处理。

图 2-1-6　散点图画法

(2)连接点获得趋势图。如果只需要将各点以折线连接起来，则在获得散点图时直接点击"Line+Symbol"，如图 2-1-7 所示。

图 2-1-7　趋势图画法

(3)在散点图基础上获得趋势线。如果需要在散点图的基础上获得趋势线，则在坐标中的点上右击"Change Plot to→Line+Symbol"，如图 2-1-8 所示。

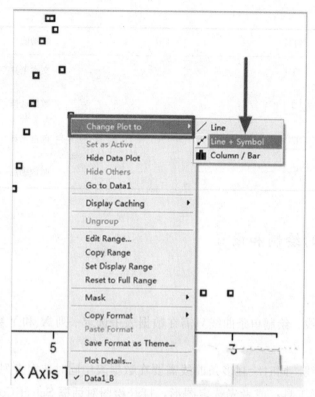

图 2-1-8　在散点图基础上获得趋势图画法

　　(4)在趋势线基础上获得散点图。在趋势线的基础上获得散点图，则只需要删除趋势线即可，右击"Change Plot to→Scatter"，如图 2-1-9 所示。

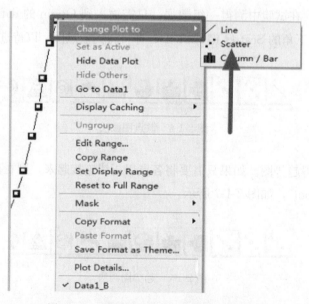

图 2-1-9　在趋势线基础上获得散点图画法

　　(5)在散点图的基础上获得非折线趋势线。如果想获得的不是折线图，而是希望用平滑的曲线表示趋势，则只需在折线基础上进一步加工：双击"折线→Line→Connect→选择曲线类型→Apply"，如图 2-1-10 所示。

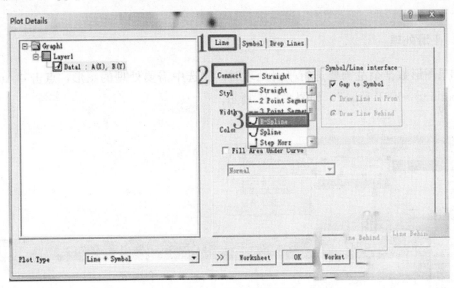

图 2-1-10　平滑曲线画法

### 3. 绘制双 Y 轴图形

如果想在同一张图上绘制双 Y 轴图形有以下两种方法：

(1)在数据表中同时选定绘图所需数据，然后点击双横纵坐标图形工具，如图 2-1-11 所示。

图 2-1-11　双 Y 轴图形画法

(2)在单坐标图上通过加层(Layer)的方法添加横坐标和(或)纵坐标，如图 2-1-12 所示。

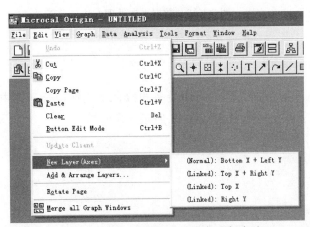

图 2-1-12　通过加层的方法添加坐标方法

## 2.1.4　数据处理与拟合

### 1.　平滑处理

如果图形数据杂乱需要进行平滑处理时，先选中需要处理的图形，点击"Analysis →Smoothing→FFT Filer"，如图 2-1-13 所示。

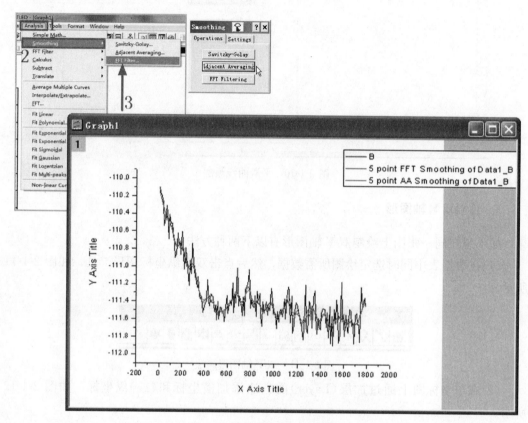

图 2-1-13　数据平滑处理方法

### 2.　曲线拟合

（1）线性拟合。实际数据处理中应用最多的拟合是线性拟合，选中需要拟合的数据，点击"Analysis→Fit Linear"，如图 2-1-14 所示。

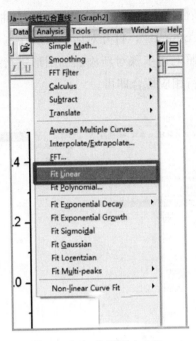

图 2-1-14　曲线拟合方法

(2)线性拟合中的数字参量。线性拟合后 Origin 会给出拟合得到的直线方程 $y = ax + b$。其中，参数 $a$ 表示斜率，$b$ 表示截距，$R$ 表示相关系数。这些数字参量 Origin 在拟合时就已经计算出来了，显示在窗口的右下方，如图 2-1-15 所示。

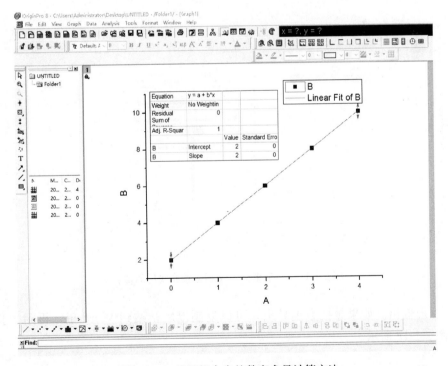

图 2-1-15　线性拟合中的数字参量计算方法

　　(3)同时绘制并拟合多条曲线。得到第一个图形的拟合曲线，在坐标的左上角处有一个"1"，右击选择"Layer Contents"，打开对话框以后在左栏选中你要添加到该图的数据表(图 2-1-16)，完成后按照上述步骤对新添加的图形进行拟合；或者在一个坐标上绘制多条曲线(图 2-1-17)，进行相应拟合即可。

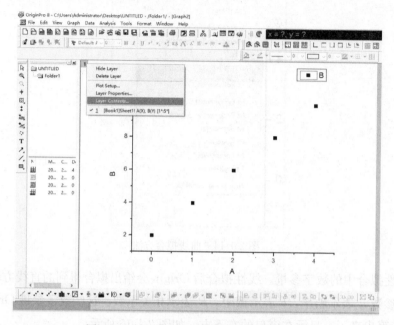

图 2-1-16　一个坐标上绘制多条曲线的方法

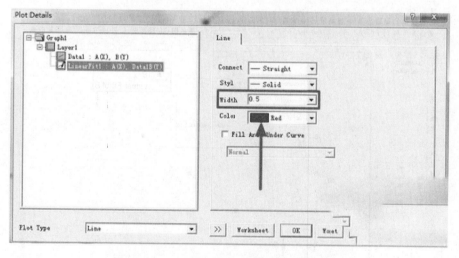

图 2-1-17　一个坐标上绘制多条曲线后的拟合

　　(4)图形输出。如果想把数据导出，可以复制以后粘贴到 Word 里，再附上拟合参数，如图 2-1-18 所示。

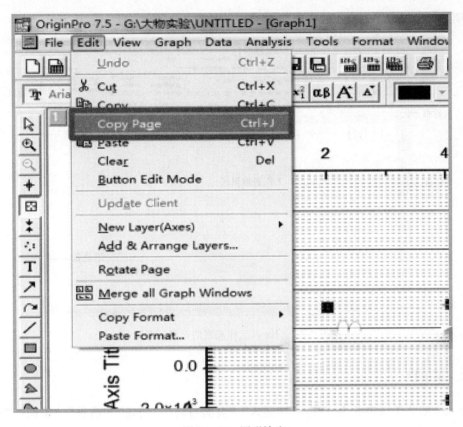

图 2-1-18　图形输出

## 2.2　Excel 的使用

Excel 是 Microsoft Office 的重要组件之一，它是微软为 Windows 和 Apple Macintosh 操作系统编写和运行的一款试算表软件。它可以进行各种数据处理、统计分析和辅助决策操作，广泛地应用于管理、统计财经、金融、科学研究等众多领域。由于本书实验主要涉及数据的计算、表格与图形的绘制、数据的统计与分析，因此有关 Excel 的应用也将围绕这几方面展开。在正式介绍内容之前，很有必要介绍一下 Excel 表格处理系统的相关功能，这里以 Excel 2010 版为例。

### 2.2.1　Excel 软件相关功能的介绍

#### 1. 文件

Microsoft Office 文件菜单位于 Excel 界面的左上角，如图 2-2-1 所示，通过该菜单可以完成新建、打开、保存、另存为、关闭、打印、帮助、保存并发送等操作。文件菜单中还有"Excel 选项"按钮和"退出 Excel"按钮，通过这两个操作可以对 Excel 一些基本选项进行设置以及退出 Excel 程序。

图 2-2-1　Excel 工作表格的布局示意图

## 2. 菜单栏

Excel 的菜单区主要由"开始""插入""页面布局""公式""数据""审阅""视图"和"开发工具"等构成。

1)"开始"菜单

当点击"开始"菜单后,弹出如图 2-2-2 所示的界面。

图 2-2-2　Excel 中"开始"菜单下所对应的功能

在"菜单"栏中,我们可以对表格中的字体形式、数字表达、单元格、表格样式进行编辑。还可以对数据进行求和、排序、筛选等处理,可实现对表格的复制与粘贴等处理。

2)"插入"菜单

当点击"插入"菜单后,弹出如图 2-2-3 所示的界面。

图 2-2-3　Excel 中"插入"菜单下所对应的功能

在"插入"栏中，可以绘制表格，插入图片、剪贴画和图形形状，可以对数据进行作图处理，包括各种形式的图形，如柱状图、扇状图、折线图、散点图、条状图等，并且可以对这些图形进行分析、拟合处理。此外，还可以绘制三维图形，如球形、饼状图形等。在"插入"栏中，还可以进行文本插入等处理工作。

3）"公式"菜单

当点击"公式"菜单后，弹出如图 2-2-4 所示的界面。

图 2-2-4　Excel 中"公式"菜单下所对应的功能

在"公式"栏中，可以从 Excel 函数库中调出计算所需的各类函数，如自动求和、求平均值、计算、找最大值与最小值、逻辑运算函数，以及各类数学函数等。此外，Excel 中的"定义名称"可以为一个区域、常量值，或者数组定义一个名称，在编写公式时，可方便地用所定义的名称进行编写。通过"公式审核"的运用，可以迅速地找到一个公式中所引用的单元格，让所有公式都会现出"原形"，查看公式出错的原因以及出错位置。

4）"数据"菜单

当点击"数据"菜单后，弹出如图 2-2-5 所示的界面。

图 2-2-5　Excel 中"数据"菜单下所对应的功能

在"数据"栏中，通过使用排序，可实现数据按规律有序排列，当我们想要从表格中找出那些符合一定条件的记录，则需要用到 Excel 的"筛选"功能。此外，在数据工具中，运用合并计算可极大地提高计算效率。

## 2.2.2　Excel 的数据运算

### 1. 简单计算

与平时的计算方式一样，只是不用数字计算而是用单元格来计算。这是为了更好地适应单元格数据的变化。先点击需要存入数据的单元格，输入"＝"号（这是一个约定，Excel 将开端有"＝"号的单元格看成进入了公式计算）。然后点击计算的单元格，再输入符号（加减乘除，乘以用 * 号表示，除以用/号表示）。例如：将 C1 作为需要输出计算结果的单元格，在 C1 单元格中输入“=”号，如果 C1 的计算与 A1、B1 单元格相关，那么在输入“=”之后，点击 A1 单元格，再输入运算符号，之后再点击 B1 单元格，回车即可完成单元格之间的计算。

### 2. 利用公式计算

在大多数情况下，可以在 Excel 中根据计算的需要自行创建公式。输入公式的时候，要以一个“=”开头，这是输入公式与输入其他数据的重要区别。与平时的运算一样“从左到右”的次序，先乘除后加减。可以使用优先级，输入时要注意通过括号来改变运算的顺序。如：“=A1+B2/100”与“=(A1+B2)/100”结果是不同的。下面我们举例说明怎么利用公式计算。

例：计算一下公式 $y=(4x+5)/2$ 在 $x$ 从 1 变化到 20 时 $y$ 的值：首先需要考虑的是如何创建这个公式，经过思考可以在 A 列中输入 1 到 20，然后在 B1 单元格中输入“=(4 * A1+5)/2”，将其填充到下面的单元格中，就可得到计数后的直观结果(图 2-2-6)。

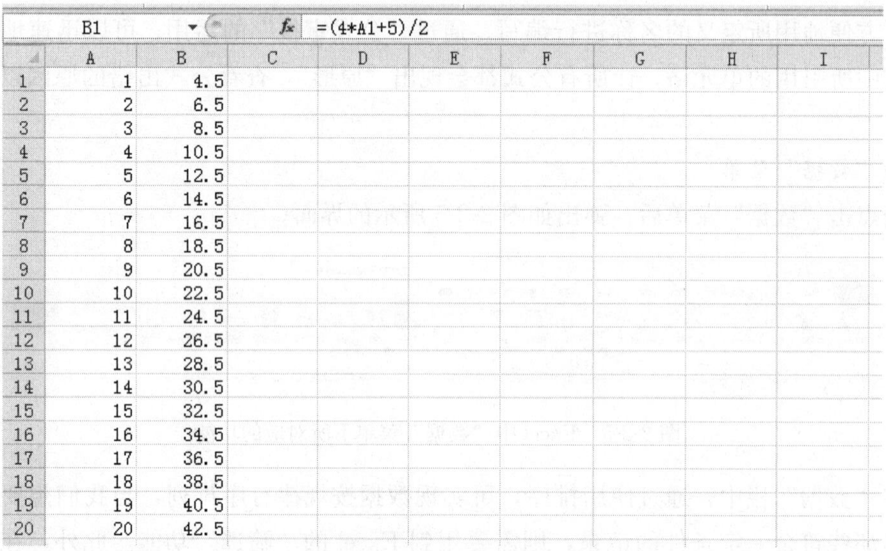


| | A | B | C | D | E | F | G | H | I |
|---|---|---|---|---|---|---|---|---|---|
| 1 | 1 | 4.5 | | | | | | | |
| 2 | 2 | 6.5 | | | | | | | |
| 3 | 3 | 8.5 | | | | | | | |
| 4 | 4 | 10.5 | | | | | | | |
| 5 | 5 | 12.5 | | | | | | | |
| 6 | 6 | 14.5 | | | | | | | |
| 7 | 7 | 16.5 | | | | | | | |
| 8 | 8 | 18.5 | | | | | | | |
| 9 | 9 | 20.5 | | | | | | | |
| 10 | 10 | 22.5 | | | | | | | |
| 11 | 11 | 24.5 | | | | | | | |
| 12 | 12 | 26.5 | | | | | | | |
| 13 | 13 | 28.5 | | | | | | | |
| 14 | 14 | 30.5 | | | | | | | |
| 15 | 15 | 32.5 | | | | | | | |
| 16 | 16 | 34.5 | | | | | | | |
| 17 | 17 | 36.5 | | | | | | | |
| 18 | 18 | 38.5 | | | | | | | |
| 19 | 19 | 40.5 | | | | | | | |
| 20 | 20 | 42.5 | | | | | | | |

图 2-2-6　利用公式计算的界面图

从中可以看出，创建公式的关键在于怎么去创建这个公式，以及合理的引用单元格。

### 3. 编辑公式

公式和一般的数据一样可以进行编辑，其编辑方式也同编辑普通的数据一样，可以进行复制和粘贴。先选中一个含有公式的单元格，然后单击工具条上的复制按钮，再选中要复制到的单元格，单击工具条上的粘贴按钮，就可以将公式复制到下面的单元格中了，可以发现其作用和填充出来的效果是相同的。其他的操作，如移动、删除等也同一般的数据是相同的，只是要注意在有单元格引用的地方，无论使用什么方式在单元格中填入公式，都存在一个相对和绝对引用的问题。

### 4. 自动填充式计算

利用公式可以进行自动填充计算。把鼠标放到有公式的单元格的右下角，鼠标变成黑色的"十字"时按下左键拖动，松开左键，Excel 就自动计算出结果。如计算几种饮料的销售额(图 2-2-7)，在调整好一种饮料的销售额的计算关系后，利用黑色的"十字"按下左键拖动，其他饮料的销售额将自动调整并计算出相应的结果。

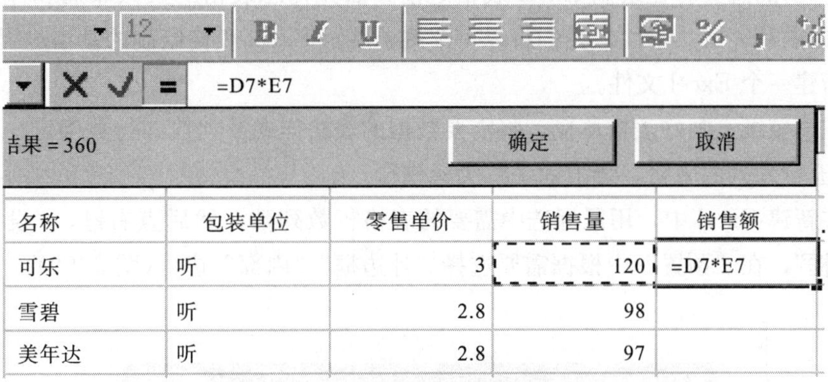

| 名称 | 包装单位 | 零售单价 | 销售量 | 销售额 |
| --- | --- | --- | --- | --- |
| 可乐 | 听 | 3 | 120 | =D7*E7 |
| 雪碧 | 听 | 2.8 | 98 | |
| 美年达 | 听 | 2.8 | 97 | |

图 2-2-7　利用自动填充式计算的案例

### 5. 相对引用和绝对引用

如果要计算某些固定单元格的数值，则要用到"绝对引用"。即用某种符号让计算机每次计算时都能找到这个单元格的数值。例如，计算前一份销售表中的"利润"，且知道"利润率"是 30%，这个 30% 的"利润率"就是一个绝对引用的数据。因为，需要将所有的销售额乘以这个利润率，才能得到实际利润(图 2-2-8)。

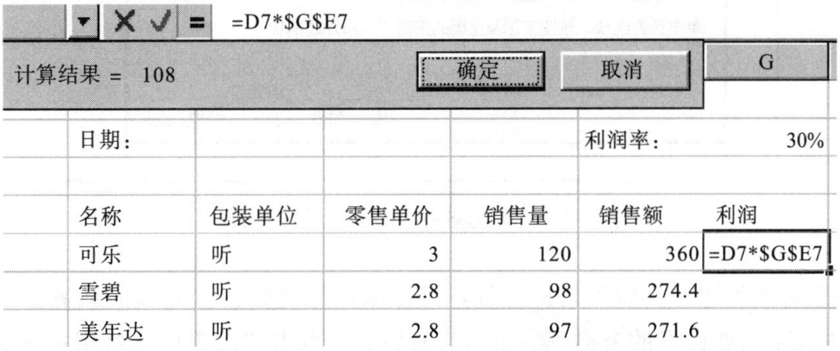

| 日期: | | | | 利润率: | 30% |
| --- | --- | --- | --- | --- | --- |
| 名称 | 包装单位 | 零售单价 | 销售量 | 销售额 | 利润 |
| 可乐 | 听 | 3 | 120 | 360 | =D7*$G$E7 |
| 雪碧 | 听 | 2.8 | 98 | 274.4 | |
| 美年达 | 听 | 2.8 | 97 | 271.6 | |

图 2-2-8　利用绝对引用计算的案例

通过这个例子可以知道，在运用"绝对引用"时要注意两个问题：一是要正确地确定哪个单元格是"绝对引用"的数值，知道它的行列位置。二是让 Excel 在计算时能够找到这个单元格，这个符号就是"＄"，需要注意的是："＄"分别加入到"行"与"列"中，例："＄A＄4"。三是需要将这个符号加到结果的单元格中的计算公式中。可以说，没有加"＄"的引用，就是相对引用。

### 2.2.3 Excel 的表格绘制

在实验数据的采集过程中，应用适当的表格对数据进行分类表达，对数据的分析和理解具有重要的意义。在绘制 Excel 表格之前，需先构思表格的大致布局和样式，以便实际操作的顺利完成。下面，我们将以一个例子展示 Excel 表格绘制的基本过程。

(1)新建一个 Excel 文件。

(2)在草稿纸上画好表格草稿，将需要数据的表格样式及列数和行数确定。比如需要建立一个五行六列的表格，最上面一行为标题行。

(3)在新建 Excel 中，用鼠标选中需要的表格行数列数，然后点右键，"设置单元格格式→边框"，在"预置"中根据需要选择"外边框""内部"边框(图 2-2-9)。

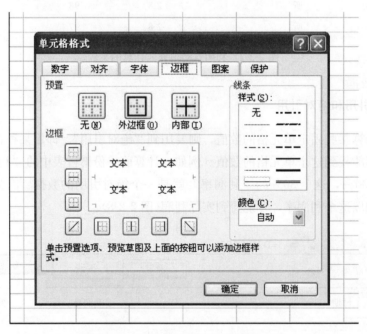

图 2-2-9　单元格格式的边框设置界面

(4)根据需要加边框。如果是标题处，可以取消外边框，合并横向或者纵向的表格。方法也是先选中需要设置的表格(第一行)，然后右键点击"设置单元格格式→对齐"，之后选中"合并单元格"(图 2-2-10)。

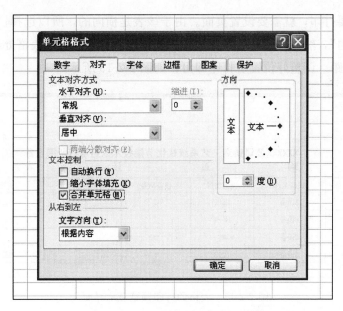

图 2-2-10　单元格格式的对齐设置界面

(5)根据标题的长度与宽度调整标题行。如标题为“××××××公司铸造工艺系统优化节能技术改造项目所需设备购置详表”，该题目比较长，须将标题行拉宽，设置“自动换行”，然后根据需要左右缩进，调整居中，设置字体大小等，结果如图 2-2-11 所示。

| | A | B | C | D | E | F |
|---|---|---|---|---|---|---|
| 1 | XXXXXX公司铸造工艺系统优化节能技术改造项目所需设　备　购　置　详　表 | | | | | |
| 2 | 序号 | 设备名称 | 设备型号 | 设备数量 | 设备价格 | 供应方 |
| 3 | | | | | | |
| 4 | | | | | | |
| 5 | | | | | | |
| 6 | | | | | | |
| 7 | | | | | | |

图 2-2-11　表格的初步显示结果

(6)在表格的相应空白处填入相关的内容即可，如图 2-2-12 所示。

| | A | B | C | D | E | F |
|---|---|---|---|---|---|---|
| 1 | XXXXXX公司铸造工艺系统优化节能技术改造项目所需设备购　置　详　表 | | | | | |
| 2 | 序号 | 设备名称 | 设备型号 | 设备数量 | 设备价格（万元） | 供应方 |
| 3 | 1 | A设备 | HS-1 | 2 | 2.3 | A公司 |
| 4 | 2 | B设备 | HB-4 | 2 | 56 | B公司 |
| 5 | 3 | C设备 | WSWS-9 | 3 | 12 | C公司 |
| 6 | 4 | D设备 | 1223 | 1 | 23 | D公司 |
| 7 | | | | | | |

图 2-2-12　填写相关信息后的表格

（7）如果需要打印，就需要设置页面。由于该表是横向的，所以选择"文件→页面设置"，选择"横向"，然后进行打印预览。如果要求居中打印，但是表格处于页面左上角，就调整一下页边距。调整好位置后打印即可，如图 2-2-13 所示。

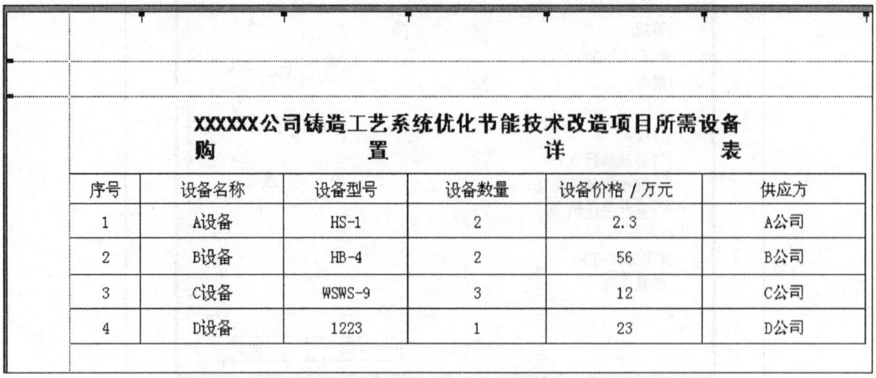

| XXXXXX公司铸造工艺系统优化节能技术改造项目所需设备购 置 详 表 | | | | |
|---|---|---|---|---|
| 序号 | 设备名称 | 设备型号 | 设备数量 | 设备价格 / 万元 | 供应方 |
| 1 | A设备 | HS-1 | 2 | 2.3 | A公司 |
| 2 | B设备 | HB-4 | 2 | 56 | B公司 |
| 3 | C设备 | WSWS-9 | 3 | 12 | C公司 |
| 4 | D设备 | 1223 | 1 | 23 | D公司 |

图 2-2-13　表格的打印预览显示界面

## 2.2.4　Excel 的图形绘制

在科学研究和数据分析过程中，常常会用到 Excel 的绘图功能，以便得到数据中隐含的本质与结果。2.2.1 节中已经对 Excel 的绘图功能作了简单的描述，为进一步加深理解，下面以实际的案例来说明 Excel 的绘图与数据分析过程。

［例1］已知钢的机械性能与回火温度之间存在着一定的关系，现将 40 钢在 100℃、200℃、300℃、400℃、500℃、600℃下进行退火处理，分别测得 40 钢的屈服强度、抗拉强度、伸长率、断面收缩率的性能参数（表 2-2-1）。

（1）请确定 40 钢的机械性能与回火温度的关系图。

表 2-2-1　40 钢的机械性能与回火温度之间的关系

| 回火温度 $T/℃$ | 屈服强度 $\sigma_s/MPa$ | 抗拉强度 $\sigma_b/MPa$ | 伸长率 $\delta/\%$ | 断面收缩率 $\varphi/\%$ |
|---|---|---|---|---|
| 100 | 860 | 1200 | 3 | 20 |
| 200 | 830 | 1160 | 5 | 25 |
| 300 | 800 | 1100 | 8 | 30 |
| 400 | 750 | 1000 | 12 | 40 |
| 500 | 630 | 880 | 16 | 50 |
| 600 | 550 | 720 | 20 | 60 |

这里以 Excel 2010 版为例，双击 Excel 图标，进入软件工作界面，绘图步骤如下。

①输入数据。注意："回火温度"和它的单位不要输入，让它们所对应的单元格空

着，否则，作图时温度将作为一列数据，而不是作为横坐标作入图中，如图 2-2-14 所示。

| | A | B | C | D | E |
|---|---|---|---|---|---|
| 1 | | 屈服强度 | 抗拉强度 | 伸长率 | 断面收缩率 |
| 2 | | $\sigma_s$/MPa | $\sigma$b/MPa | $\delta$/% | $\varphi$/% |
| 3 | 100 | 860 | 1200 | 3 | 20 |
| 4 | 200 | 830 | 1160 | 5 | 25 |
| 5 | 300 | 800 | 1100 | 8 | 30 |
| 6 | 400 | 750 | 1000 | 12 | 40 |
| 7 | 500 | 630 | 880 | 16 | 50 |
| 8 | 600 | 550 | 720 | 20 | 60 |

图 2-2-14　回火温度与 40 钢机械性能的数据输入界面

　　②绘制曲线。先选中 A 至 E 列，在"插入"菜单中选择折线图，之后会弹出各种折线类型，这里选择"带数据标记的折线图"，之后会弹出如图 2-2-15 所示的图形。

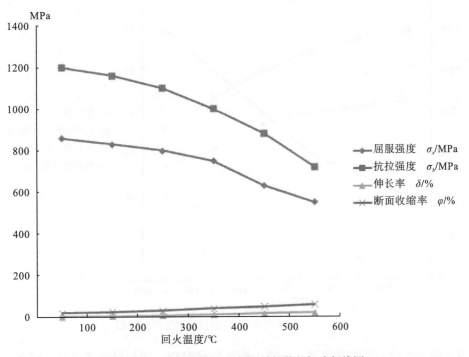

图 2-2-15　回火温度与 40 钢机械性能的初步折线图

　　从表 2-2-1 中可知，屈服强度与抗拉强度具有相同的单位(MPa)，而伸长率、断面收缩率是以百分数形式表示的。因此，若将屈服强度、抗拉强度与伸长率、断面收缩率放在同一纵坐标下表达是不合适的。因此，需要将伸长率、断面收缩率用另一坐标轴（次坐标）进行表达。这里，可以分别左击伸长率和断面收缩率曲线，选中后点击右键，在弹出的菜单中点击"设置数据系列格式"，弹出图 2-2-16 所示的对话框，在"系列选项"中选择次坐标轴。在设置完成后，可以得到图 2-2-17 所示的曲线图。

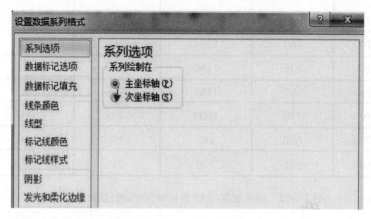

图 2-2-16　次坐标设置的界面图

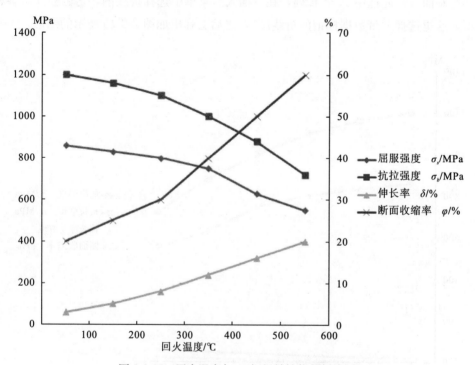

图 2-2-17　回火温度与 40 钢机械性能的折线图

对于图 2-2-17 所示的曲线图、还缺少横纵坐标名称，图形标题等信息。因此，需要逐步添加。以添加横坐标为例，点击图的任一位置，在菜单栏中会显示"图表工具"，并在图表工具中点击"布局"（图 2-2-18）。然后，在其下面的功能选项中点击"坐标轴标题"，在弹出的下拉菜单中选择"主要横坐标标题→坐标轴下方标题"，并输入横坐标名称和其对应的单位"回火温度(℃)"。同样的操作可以设置主、次纵坐标的名称与单位。对于标题的命名，则可以在"布局"中点击"图表坐标"进行设置，最后设置好的图形如图 2-2-19 所示。

图 2-2-18　布局菜单示意图

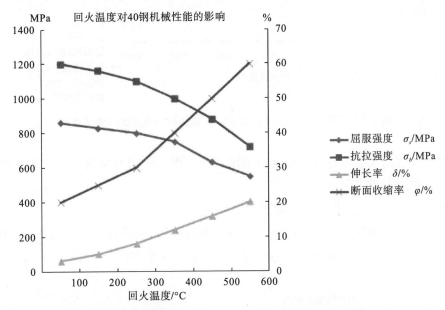

图 2-2-19　回火温度与 40 钢机械性能参数间的关系图

　　图 2-2-19 所示的曲线基本上表达了回火温度对 40 钢各机械性能影响的趋势。但从图形的美学角度上讲，该图并不美观、不协调。因此，需要根据实际情况对图表的字体、图形的长宽比例、刻度方向、图形的背底等方面进行细微的调整与修改，使图形更具可读性、可分析性。关于字体、坐标轴、刻度、数据的设置，可分别点击右键设置完成，这里就不一一进行介绍。通过设置最终得到如图 2-2-20 所示的曲线图。

　　(2)如果要使 40 钢回火后的屈服强度为 700～720 MPa，请计算相应的回火温度范围。

　　如何来解决这个问题？实验只测了几个已知回火温度下的屈服强度数据，那么能否在点线图上找到 700～720 MPa 所对应的回火温度呢？很显然这是不准确的。科学的方法是：先观察数据点的变化趋势，应用合适的数学模型(或公式、方程)去拟合这一趋势，如果能够模拟这一过程，说明数学模型与数据点变化趋势间的误差很小，数学模型可代表数据的变化趋势，通过数学模型即可求出要求屈服强度条件下的回火温度范围，具体的操作过程如下。

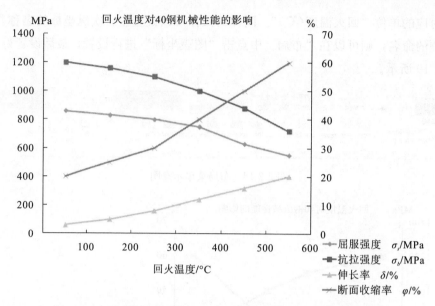

图 2-2-20    图表修饰后回火温度与 40 钢机械性能参数间的关系图

首先，可将回火温度与屈服强度数据用"散点图"绘制为曲线，用"添加趋势线"的方法，得出回归方程。

方法：①插入→散点图→仅带数据标记的散点。

②选择曲线→单击右键→"添加趋势线…"，然后在"趋势线选项"中设置"多项式"（2 次多项式），选中"显示公式"和"显示 R 平方值"。结果如图 2-2-21 所示。

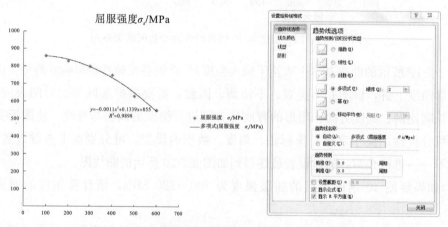

图 2-2-21    屈服强度参数的拟合结果图与拟合设置图

通过拟合发现，二次多项式能够较好地模拟出数据的变化趋势。因此，二次多项式可代表数据的变化趋势，并且获得公式：$y = -0.0011x^2 + 0.1339x + 855$。将 $y = 700$、$y = 720$ 带入公式，分别计算出 $x$ 即为所求回火温度范围。因而计算屈服强度与回火温度之间的回归方程为：$\sigma_s = -0.0011T^2 + 0.1339T + 855$，将 $\sigma_s = 700$ MPa 带入，可得方程：

$0.0011T^2 - 0.1339T - 155 = 0$，则

$$T = \frac{-(-0.1339) + \sqrt{(-0.1339)^2 - 4 \times 0.0011 \times (-155)}}{2 \times 0.0011}$$

在单元格中输入公式："＝(0.1339+(0.1339^2+4×0.0011×155)^0.5)/(2×0.0011)"，可得 $T = 441℃$。若将 $\sigma_s = 720\,\text{MPa}$ 带入公式，则可得 $T = 416℃$。因而，回火温度的设置范围应为：$416\sim441℃$。

思考：①如要使 40 钢回火后的屈服强度为 $700\sim720\,\text{MPa}$，且要满足伸长率 $\delta > 13\%$，请问应该怎么控制回火温度的范围？②在前述分析过程中采用了二次多项式分析数据，能否用三、四次多项式对其趋势进行拟合，并用拟合计算回火温度的范围，比较一下二、三、四次多项式所计算的回火温度有什么差异？

## 2.2.5　Excel 的数据统计与分析

使用 Excel 可以完成对数据的统计与分析工作，如：直方图、相关系数、协方差、概率分布、抽样与动态模拟、总体均值判断，均值推断、线性与非线性回归、多元回归分析、时间序列等。本节将学习几种最常用的专业数据分析方法。所有操作将通过 Excel 的"分析数据库"工具完成。如果没有安装这项功能，则依次选择"文件"下拉菜单中的"选项→加载项→转移到→加载宏"，将加载宏中的所有选项选中确定后，在"数据"下拉菜单中即看到"数据分析"选项(图 2-2-22)。这里我们介绍几个实例来说明 Excel 对数据的统计与分析。

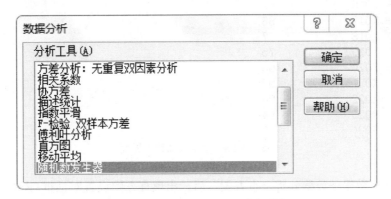

图 2-2-22　Excel 2010 中的数据分析

### 1. 用 Excel 做数据分析——直方图

[例 2]某高校某班期中考试后，须统计各分数段人数，并要显示频数分布和累计频数表的直方图以供分析。

使用 Excel 中的"数据分析"功能可以直接完成此任务，具体的操作步骤如下。

(1)打开原始数据表格，制作本实例的原始数据要求单列，确认数据的范围。本实例

为数学成绩，分数范围确定为 0~100。

（2）在右侧输入数据接受序列。所谓"数据接受序列"，就是分段统计的数据间隔，该区域包含一组可选的用来定义接收区域的边界值。这些值应当按升序排列。在本实例中，就是以多少分数段作为统计的单元。可采用拖动的方法生成，也可以按照需要自行设置。本实例采用 10 分为一个分数统计单元（图 2-2-23）。

| ▲ | A | B | C | D | E | F | G |
|---|---|---|---|---|---|---|---|
| 1 | | | XX高校XX班期中考试数学成绩表 | | | | |
| 2 | 学号 | 成绩 | | 分段数（接受区域） | | | |
| 3 | X001 | 86 | | | 0 | | |
| 4 | X002 | 76 | | | 10 | | |
| 5 | X003 | 92 | | | 20 | | |
| 6 | X004 | 56 | | | 30 | | |
| 7 | X005 | 86 | | | 40 | | |
| 8 | X006 | 45 | | | 50 | | |
| 9 | X007 | 96 | | | 60 | | |
| 10 | X008 | 74 | | | 70 | | |
| 11 | X009 | 79 | | | 80 | | |
| 12 | X010 | 82 | | | 90 | | |
| 13 | X011 | 62 | | | 100 | | |
| 14 | X012 | 89 | | | | | |
| 15 | X013 | 69 | | | | | |
| 16 | X014 | 94 | | | | | |
| 17 | X015 | 89 | | | | | |
| 18 | X016 | 81 | | | | | |
| 19 | X017 | 88 | | | | | |
| 20 | X018 | 77 | | | | | |
| 21 | X019 | 75 | | | | | |
| 22 | X020 | 60 | | | | | |
| 23 | X021 | 98 | | | | | |
| 24 | X022 | 90 | | | | | |
| 25 | X023 | 54 | | | | | |
| 26 | X024 | 70 | | | | | |

图 2-2-23　学生成绩输入界面

（3）选择"数据→数据分析→直方图"后，出现直方图设置对话框（图 2-2-24）。依次选择输入区域：原始数据区域；接收区域：数据接受序列。如果选择"输出区域"，则新对象直接插入当前表格中。选中"柏拉图"，此复选框可在输出表中按降序来显示数据。若选择"累积百分率"，则会在直方图上叠加累积频率曲线。点击确定后可得到图 2-2-25所示结果。

图 2-2-24　直方图的设置界面

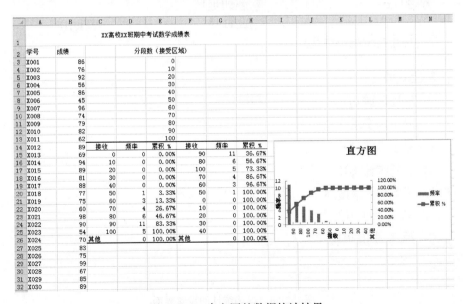

图 2-2-25　直方图的数据统计结果

### 2. 用 Excel 做数据分析——描述统计

在例 2 的基础上，需要统计成绩的平均值区间，以及给出班级内部学生成绩差异的量化标准，借此作为解决班与班之间学生成绩参差不齐的依据。这里使用 Excel 数据分析中的"描述统计"来实现，具体的操作如下。

选择"数据→数据分析→描述统计"后，出现描述统计设置框（图 2-2-26）。依次选择，输入区域：原始数据区域，可以选中多个行或列，注意选择相应的分组方式。如果数据有标志，注意勾选"标志位于第一行"。如果输入区域没有标志项，该复选框将被清除，Excel 将在输出表中生成适宜的数据标志。输出区域可以选择本表、新工作表或是新工作簿。汇总统计：包括有平均值、标准误差（相对于平均值）、中值、众数、标准偏差、方差、峰值、偏斜度、极差、最小值、最大值、总和、总个数、最大值、最小值和置信度等相关项目。其中，中值：排序后位于中间的数据的值；众数：出现次数最多的值；峰值：衡量数据分布起伏变化的指标，以正态分布为基准，比其平缓时值为正，反之则为负；偏斜度：衡量数据峰值偏移的指数，根据峰值在均值左侧或者右侧分别为正值或负值；极差：最大值与最小值的差；第 $K$ 大（小）值：输出表的某一行中包含每个数据区域中的第 $K$ 个最大（小）值；平均数置信度：数值 95% 可用来计算在显著性水平为 5% 时的平均值置信度，点击确定后可得到图 2-2-27 所示结果。

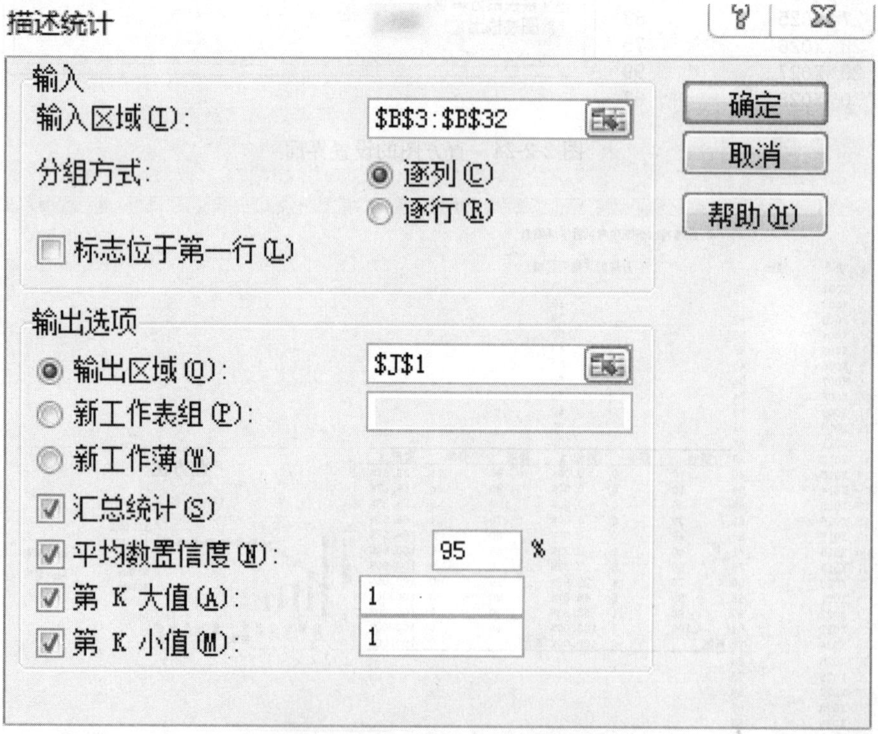

图 2-2-26　描述统计的设置界面

| | A | B | C | D | E | F | G | H |
|---|---|---|---|---|---|---|---|---|
| 1 | | | | xx高校xx班期中考试数学成绩表 | | | | |
| 2 | 学号 | 成绩 | | 分段数（接受区域） | | | 列1 | |
| 3 | X001 | 86 | | | 0 | | | |
| 4 | X002 | 76 | | | 10 | | 平均 | 78.86667 |
| 5 | X003 | 92 | | | 20 | | 标准误差 | 2.505962 |
| 6 | X004 | 56 | | | 30 | | 中位数 | 81.5 |
| 7 | X005 | 86 | | | 40 | | 众数 | 89 |
| 8 | X006 | 45 | | | 50 | | 标准差 | 13.72572 |
| 9 | X007 | 96 | | | 60 | | 方差 | 188.3954 |
| 10 | X008 | 74 | | | 70 | | 峰度 | -0.05885 |
| 11 | X009 | 79 | | | 80 | | 偏度 | -0.70042 |
| 12 | X010 | 82 | | | 90 | | 区域 | 54 |
| 13 | X011 | 62 | | | 100 | | 最小值 | 45 |
| 14 | X012 | 89 | | | | | 最大值 | 99 |
| 15 | X013 | 69 | | | | | 求和 | 2366 |
| 16 | X014 | 94 | | | | | 观测数 | 30 |
| 17 | X015 | 89 | | | | | 最大(1) | 99 |
| 18 | X016 | 81 | | | | | 最小(1) | 45 |
| 19 | X017 | 88 | | | | | 置信度(95 | 5.125268 |
| 20 | X018 | 77 | | | | | | |
| 21 | X019 | 75 | | | | | | |
| 22 | X020 | 69 | | | | | | |

图 2-2-27　描述统计所得结果

### 3. 用 Excel 做数据分析——相关系数与协方差

[**例** 3]化学合成实验中经常需要考察压力随温度的变化情况。某实验在两个不同的反应器中进行同条件下实验得到两组温度与压力相关数据，试分析它们与温度的关联关系，并对在不同反应器内进行同一条件下反应的可靠性给出依据。

相关系数是描述两个测量值变量之间离散程度的指标。用于判断两个测量值变量的变化是否相关，即一个变量的较大值是否与另一个变量的较大值相关联（正相关）；或者一个变量的较小值是否与另一个变量的较大值相关（负相关）；还是两个变量中的值互不关联（相关系数近似于零）。设$(X, Y)$为二元随机变量，那么：

$$\rho = \frac{\mathrm{Cov}(X, Y)}{\sqrt{DX}\ \sqrt{DY}}$$

为随机变量 $X$ 与 $Y$ 的相关系数。$\rho$ 是度量随机变量 $X$ 与 $Y$ 之间线性相关密切程度的数字特征，具体的操作过程如下。选择"数据→数据分析→相关系数"后，出现相关系数设置对话框（图 2-2-28）。依次选择，输入区域：选择数据区域，注意需要满足至少两组数据。如果有数据标志，注意同时勾选下方"标志位于第一行"；分组方式：指示输入区域中的数据是按行还是按列考虑，请根据原数据格式选择；输出区域可以选择本表、新工作表组或是新工作簿；点击"确定"即可看到生成的报表（图 2-2-29）。

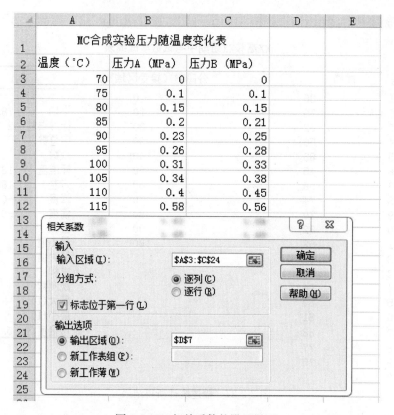

图 2-2-28　相关系数的设置界面

| | A | B | C | D | E | F | G |
|---|---|---|---|---|---|---|---|
| 1 | MC合成实验压力随温度变化表 | | | | | | |
| 2 | 温度（℃） | 压力A（MPa） | 压力B（MPa） | | | | |
| 3 | 70 | 0 | 0 | | | | |
| 4 | 75 | 0.1 | 0.1 | | | | |
| 5 | 80 | 0.15 | 0.15 | | | | |
| 6 | 85 | 0.2 | 0.21 | | | | |
| 7 | 90 | 0.23 | 0.25 | | 温度（℃) | 压力A（MPa | 压力B（MPa) |
| 8 | 95 | 0.26 | 0.28 | 温度（℃ | 1 | | |
| 9 | 100 | 0.31 | 0.33 | 压力A（MP | 0.974965 | 1 | |
| 10 | 105 | 0.34 | 0.38 | 压力B（MP | 0.958241 | 0.994161 | 1 |
| 11 | 110 | 0.4 | 0.45 | | | | |
| 12 | 115 | 0.58 | 0.56 | | | | |
| 13 | 120 | 0.63 | 0.64 | | | | |
| 14 | 125 | 0.65 | 0.69 | | | | |
| 15 | 130 | 0.71 | 0.76 | | | | |
| 16 | 135 | 0.82 | 0.9 | | | | |
| 17 | 140 | 0.85 | 1.04 | | | | |
| 18 | 145 | 1.12 | 1.24 | | | | |
| 19 | 150 | 1.25 | 1.46 | | | | |
| 20 | 155 | 1.41 | 1.7 | | | | |
| 21 | 160 | 1.52 | 1.82 | | | | |
| 22 | 165 | 1.63 | 1.98 | | | | |
| 23 | 170 | 1.76 | 2.12 | | | | |
| 24 | 175 | 1.86 | 2.56 | | | | |
| 25 | | | | | | | |

图 2-2-29　利用相关系数所得结果

　　从图 2-2-29 可以看到，在相应区域生成了一个 3×3 的矩阵，数据项目的交叉处就是其相关系数。显然，数据与本身是完全相关的，相关系数在对角线上显示为 1；两组数据间在矩阵上有两个位置，它们是相同的，故右上侧重复部分不显示数据。左下侧相应位置分别是温度与压力 A、B 和两组压力数据间的相关系数。

从数据统计结果可以看出，温度与压力 A、B 的相关性分别达到了 0.975 和 0.958，这说明它们呈现良好的正相关性，而两组压力数据间的相关性达到了 0.994，这说明在不同反应器内的相同条件下反应一致性很好，可以忽略因为更换反应器造成的系统误差。

协方差的统计与相关系数的统计方法相似，统计结果同样返回一个输出表和一个矩阵，分别表示每对测量值变量之间的相关系数和协方差。不同之处在于相关系数的取值在 -1 和 1 之间，而协方差没有限定的取值范围。相关系数和协方差都是描述两个变量离散程度的指标。

### 4. 用 Excel 做数据分析——移动平均

移动平均就是对一系列变化的数据按照指定的数据数量依次求取平均，并以此作为数据变化的趋势供分析人员参考。移动平均在生活中也不乏见，如气象意义上的四季界定就是移动平均最好的应用。关于移动平均的运用，我们同样采用例子来说明。

[例 4]某化工反应过程，每隔 2min 对系统测取一次压力数据。由于反应的特殊性，需要考察每 8min 的压力平均值，如果该压力平均值高于 15 MPa，则认为该平均值计算范围内的第一个压力数据出现时进入反应阶段，请使用 Excel 给出反应阶段时间的区间。

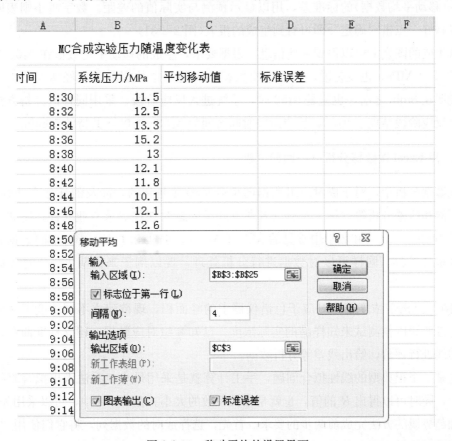

图 2-2-30  移动平均的设置界面

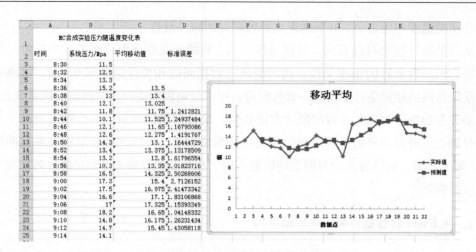

图 2-2-31　利用移动平均所得结果

选择"数据→数据分析→平均移动"后，出现移动平均设置对话框（见图 2-2-30）。依次选择，输入区域：原始数据区域；如果有数据标签可以选择"标志位于第一行"。输出区域：移动平均数值显示区域。间隔：指定使用几组数据来得出平均值。图表输出：原始数据和移动平均数值会以图表的形式来显示，以供比较。标准误差：实际数据与预测数据（移动平均数据）的标准差，用以显示预测与实际值的差距。数字越小则表明预测的情况越好。点击"确定"即可看到生成的报表（图 2-2-31）。

从生成的图表上可以得到一些信息。根据要求，生成的移动平均数值在 9：00 时已经达到了 15.4 MPa，也就是说，包含本次数据在内的四个数据前就已经达到了 15 MPa，那么说明在 8min 之前，也就是 8：52 时，系统进入反应阶段；采用同样的分析方法可以知道，反应阶段结束于 9：02，反应阶段时间区间为 8：52～9：02，共持续 10min。

### 5. 用 Excel 做数据分析——回归分析

在数据分析中，对于成对成组数据的拟合是经常遇到的，涉及的任务有线性描述、趋势预测和残差分析等。很多专业读者遇见此类问题时往往寻求专业软件，比如在化工中经常用到的 Origin 和数学中常见的 MATLAB 等。但实际上 Excel 自带的数据库中也有线性拟合工具，同样可以对数据进行分析处理，现以例子来说明 Excel 的数据处理过程。

［例 5］某溶液浓度正比对应于色谱仪器中的峰面积，现欲建立不同浓度下对应峰面积的标准曲线以供测试未知样品的实际浓度。已知 8 组对应数据，建立标准曲线，并且对此曲线进行评价，给出残差等分析数据。

这是一个很典型的线性拟合问题，手工计算就是采用最小二乘法求出拟合直线的待定参数，同时可以得出 $R$ 的值，也就是相关系数的大小。在 Excel 中，可以采用先绘图，再添加趋势线的方法完成前两步的要求。首先，选择成对的数据列，将它们使用"$X$、$Y$散点图"制成散点图，结果如图 2-2-32 所示。

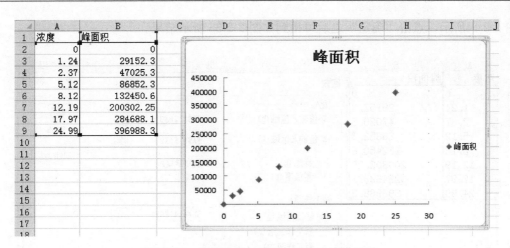

图 2-2-32　溶液浓度与其峰面积关系的散点图

在数据点上单击右键，选择"添加趋势线→线性"，并在选项标签中要求给出公式和相关系数等，可以得到一条拟合的直线，结果如图 2-2-33 所示。

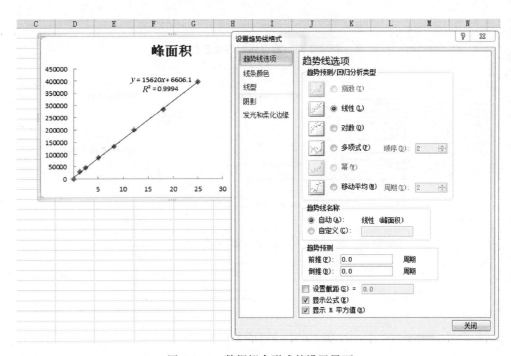

图 2-2-33　数据拟合形式的设置界面

由图 2-2-33 可知，拟合的直线是 $y = 15620x + 6606.1$，$R^2$ 的值为 0.9994。因为 $R^2 >$ 0.99，所以，这是一个线性特征非常明显的实验模型，即说明拟合直线能够以大于 99.99% 地解释、涵盖实测数据，具有很好的一般性，可以作为标准工作曲线用于其他未知浓度溶液的测量。为了进一步使用更多的指标来描述这个模型，我们使用数据分析中的"回归"工具来详细分析这组数据，设置过程为"数据→数据分析→回归"，如

图 2-2-34所示，点击"确定"之后可得到如图 2-2-35 所示结果。

图 2-2-34　数据回归的设置界面

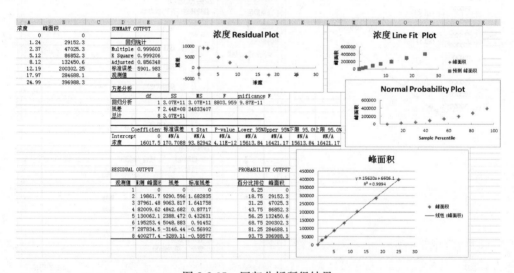

图 2-2-35　回归分析所得结果

　　从线性拟合图中可以看到，不但有根据要求生成的数据点，而且还有经过拟合处理的预测数据点，拟合直线的参数会在数据表格中显示。残差图是关于实际值与预测值之间差距的图表，如果残差图中的散点在中轴(零点)上下两侧零乱分布，那么拟合直线就是合理的，否则就需要重新处理。

# 2.3　误差分析与数据处理

## 2.3.1　误差分析

### 1. 误差的基本概念

测量是人类认识事物本质所不可缺少的手段。通过测量和实验能使人们了解事物获得定量的概念和发现事物的规律性。科学上很多新的发现和突破都是以实验测量为基础。测量就是用实验的方法,将被测物理量与所选用作为标准的同类量进行比较,从而确定它的大小。

任一物理量都有它的客观大小,这个客观量称为真值。最理想的测量就是能够测得真值,但由于测量是利用仪器,在一定条件下通过人来完成,受仪器的灵敏度和分辨能力的局限性、环境的不稳定性和人的精神状态等因素的影响,待测量的真值是不可测得的。真值是待测物理量客观存在的确定值,也称理论值或定义值。

通常真值是无法测得的。若在实验中,测量的次数无限多时,根据误差的分布定律,正负误差的出现概率相等。再经过细致的消除系统误差,将测量值加以平均,可以获得非常接近于真值的数值。但是实际上实验测量的次数总是有限的。用有限测量值求得的平均值只能是近似真值,常用的平均值有下列几种:

(1)算术平均值:一种最常见的平均值。

设 $x_1$,$x_2$,$\cdots$,$x_n$ 为各次测量值,$n$ 代表测量次数,则算术平均值为

$$\bar{x} = \frac{x_1 + x_2 + \cdots + x_n}{n} = \frac{\sum_{i=1}^{n} x_i}{n}$$

(2)几何平均值:将一组 $n$ 个测量值连乘并开 $n$ 次方求得的平均值。

$$\bar{x}_几 = \sqrt[n]{x_1 \cdot x_2 \cdots x_n}$$

(3)均方根平均值:均方根值也称为效值,将一组 $n$ 个测量值先平方,再平均,然后开方,即

$$\bar{x}_均 = \sqrt{\frac{x_1^2 + x_2^2 + \cdots + x_n^2}{n}} = \sqrt{\frac{\sum_{i=1}^{n} x_i^2}{n}}$$

(4)对数平均值:在化学反应、热量和质量传递中,其分布曲线多具有对数的特性,在这种情况下表征平均值常用对数平均值。设两个量 $x_1$、$x_2$,其对数平均值,即

$$\bar{x}_对 = \frac{x_1 - x_2}{\ln x_1 - \ln x_2} = \frac{x_1 - x_2}{\ln \dfrac{x_1}{x_2}}$$

说明：变量的对数平均值总小于算术平均值。当 $x_1/x_2 \leqslant 2$ 时，可以用算术平均值代替对数平均值。当 $x_1/x_2 = 2$，$\bar{x}_{对} = 1.443$，$\bar{x} = 1.50$，$(\bar{x}_{对} - \bar{x})/\bar{x}_{对} = 4.2\%$，即 $x_1/x_2 \leqslant 2$，引起的误差不超过 $4.2\%$。

取以上各平均值目的是要从一组测定值中找出最接近真值的那个值。在化工实验和科学研究中，数据的分布较多属于正态分布，所以通常采用算术平均值。

**2. 误差的分类**

根据误差的性质和产生的原因，一般分为三类：

1）系统误差

系统误差是指在测量和实验中未发觉或未确认的因素所引起的误差，而这些因素影响结果永远朝一个方向偏移，其大小及符号在同一组实验测定中完全相同，当实验条件一经确定，系统误差就获得一个客观上的恒定值。当改变实验条件时，就能发现系统误差的变化规律。

产生原因：测量仪器不良，如刻度不准、仪表零点未校正或标准表本身存在偏差等；周围环境的改变，如温度、压力、湿度等偏离校准值；实验人员的习惯和偏向，如读数偏高或偏低等引起的误差。

消除措施：①交换抵消法，即将测量中的某些条件相互交换，使产生系统误差的原因对结果引起相反的影响，从而抵消系统误差。可将被测物与砝码互相交换位置秤两次，然后取其平均值。②替代消除法，在其他条件不变的情况下，用一已知量去替代被测量以达到消除系统误差的目的。仍以天平为例，可先用一物体与被测物平衡，然后取下被测物而代之以砝码，并使其与物体平衡。这样，砝码的重量即为被测物的重量，在其测得的结果中已经不再含有因天平两臂长度不一而引起的系统误差。③对称法，利用被测事物本身所具有的对称性来消除系统误差。例如在进行轴向拉伸试验测试件的轴向应变时，可在试件两侧的对称位置上各安装一个引伸仪或各粘贴一应变片，然后取其应变的平均值。④校准法，用更精确的仪器来校准实验中要使用的仪器，或者用分析得出的修正公式来修正实验数据，以消除系统误差。

2）偶然误差

在已消除系统误差的一切量值的观测中，所测数据仍在末一位或末两位数字上有差别，而且它们的绝对值和符号的变化，时大时小，时正时负，没有确定的规律，这类误差称为偶然误差或随机误差。

产生原因：偶然误差产生的原因不明，因而无法控制和补偿。但是，倘若对某一量值作足够多次的等精度测量后，就会发现偶然误差完全服从统计规律，误差的大小或正负的出现完全由概率决定。因此，随着测量次数的增加，随机误差的算术平均值趋近于零，

消除措施：多次测量结果的算数平均值将更接近于真值。

3）过失误差

过失误差是一种显然与事实不符的误差。

产生原因：往往是实验人员粗心大意、过度疲劳和操作不正确等原因引起的。

消除措施：此类误差无规则可寻，只要加强责任感、多方警惕、细心操作，过失误差是可以避免的。

### 3. 精密度、准确度和精确度

反映测量结果与真实值接近程度的量，称为精度(亦称精确度)。它与误差大小相对应，测量的精度越高，其测量误差就越小。"精度"应包括精密度和准确度两层含义。

(1)精密度：测量中所测得数值重现性的程度。它反映偶然误差的影响程度，精密度高就表示偶然误差小。

(2)准确度：测量值与真值的偏移程度。它反映系统误差的影响程度，准确度高就表示系统误差小。

(3)精确度(精度)：测量中所有系统误差和偶然误差综合的影响程度。

在一组测量中，精密度高的准确度不一定高，准确度高的精密度也不一定高，但精确度高，则精密度和准确度都高。

精密度与准确度的区别：以打靶子例子来说明，如图 2-3-1 所示。

图 2-3-1(a)中表示精密度和准确度都很好，则精确度高；图 2-3-1(b)表示精密度很好，但准确度却不高；图 2-3-1(c)表示精密度与准确度都不好。在实际测量中没有像靶心那样明确的真值，而是设法去测定这个未知的真值。

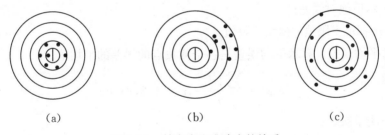

(a)　　　　　　　　　　(b)　　　　　　　　　　(c)

图 2-3-1　精密度和准确度的关系

学生在实验过程中，往往满足于实验数据的重现性，而忽略了数据测量值的准确程度。绝对真值是不可知的，人们只能制订出一些国际标准作为测量仪表准确性的参考标准。随着人类认识运动的推移和发展，可以逐步逼近绝对真值。

### 4. 误差的表示方法

利用任何量具或仪器进行测量时，总存在误差，测量结果总不可能准确地等于被测量的真值，而只是它的近似值。测量的质量高低以测量精确度作指标，根据测量误差的大小来估计测量的精确度。测量结果的误差越小，则认为测量就越精确。

(1)绝对误差。测量值 $X$ 和真值 $A_0$ 之差为绝对误差，通常称为误差。记为

$$D = X - A_0$$

由于真值 $A_0$ 一般无法求得，因而上式只有理论意义。常用高一级标准仪器的示值作

为实际值 $A$ 以代替真值 $A_0$。由于高一级标准仪器存在较小的误差，因而 $A$ 不等于 $A_0$，但总比 $X$ 更接近于 $A_0$。$X$ 与 $A$ 之差称为仪器的示值绝对误差。记为 $d = X - A$。

与 $d$ 相反的数称为修正值，记为

$$C = -d = A - X$$

通过检定，可以由高一级标准仪器给出被检仪器的修正值 $C$。利用修正值便可以求出该仪器的实际值 $A$。即

$$A = X + C$$

(2)相对误差。衡量某一测量值的准确程度，一般用相对误差来表示。示值绝对误差 $d$ 与被测量的实际值 $A$ 的百分比值称为实际相对误差。记为

$$\delta_A = \frac{d}{A} \times 100\%$$

以仪器示值 $X$ 代替实际值 $A$ 的相对误差称为示值相对误差。记为

$$\delta_X = \frac{d}{X} \times 100\%$$

一般来说，除了某些理论分析外，用示值相对误差较为适宜。

(3)引用误差。为了计算和划分仪表精确度等级，提出引用误差概念。其定义为仪表示值的绝对误差与量程范围之比。

$$\delta_A = \frac{\text{示值绝对误差}}{\text{量程范围}} \times 100\% = \frac{d}{X_n} \times 100\%$$

式中，$d$——示值绝对误差；

$X_n$——标尺上限值-标尺下限值。

(4)算术平均误差。算术平均误差是各个测量点的误差的平均值。

$$\delta_{\overline{\mp}} = \frac{\sum |d_i|}{n}, i = 1, 2, \cdots, n$$

式中，$n$——测量次数；

$d_i$——为第 $i$ 次测量的误差。

(5)标准误差。标准误差亦称为均方根误差。其定义为

$$\sigma = \sqrt{\frac{\sum d_i^2}{n}}$$

上式使用于无限测量的场合。实际测量工作中，测量次数是有限的，则改用下式

$$\sigma = \sqrt{\frac{\sum d_i^2}{n-1}}$$

标准误差不是一个具体的误差，$\sigma$ 的大小只说明在一定条件下等精度测量集合所属的每一个观测值对其算术平均值的分散程度，如果 $\sigma$ 的值越小则说明每一次测量值对其算术平均值分散度就小，测量的精度就高，反之精度就低。

在化工原理实验中最常用的 U 形管压差计、转子流量计、秒表、量筒、电压等仪表原则上均取其最小刻度值为最大误差，而取其最小刻度值的一半作为绝对误差计算值。

**5. 测量仪表精确度**

测量仪表的精确等级是用最大引用误差(又称允许误差)来标明的。它等于仪表示值中的最大绝对误差与仪表的量程范围之比的百分数。

$$\delta_{n\,\max} = \frac{\text{最大示值绝对误差}}{\text{量程范围}} \times 100\% = \frac{d_{\max}}{X_n} \times 100\%$$

式中,$\delta_{n\,\max}$——仪表的最大测量引用误差;

$d_{\max}$——仪表示值的最大绝对误差;

$X_n$——标尺上限值-标尺下限值。

通常情况下是用标准仪表校验较低级的仪表,则最大示值绝对误差就是被校表与标准表之间的最大绝对误差。

注:测量仪表的精度等级是国家统一规定的,把允许误差中的百分号去掉,剩下的数字就称为仪表的精度等级。仪表的精度等级常以圆圈内的数字标明在仪表的面板上。

例如,某台压力计的允许误差为 1.5%,这台压力计电工仪表的精度等级就是 1.5,通常简称 1.5 级仪表。

仪表的精度等级为 $a$,它表明仪表在正常工作条件下,其最大引用误差的绝对值 $\delta_{\max}$ 不能超过的界限,即

$$\delta_{n\,\max} = \frac{d_{\max}}{X_n} \times 100\% \leqslant a\%$$

应用仪表进行测量时所能产生的最大绝对误差(简称误差限)为

$$d_{\max} \leqslant a\% \cdot X_n$$

而用仪表测量的最大值相对误差为

$$\delta_{n\,\max} = \frac{d_{\max}}{X_n} \leqslant a\% \cdot \frac{X_n}{X}$$

由上式可以看出,只是用仪表测量某一被测量所能产生的最大示值相对误差,不会超过仪表允许误差 $a\%$ 乘以仪表测量上限 $X_n$ 与测量值 $X$ 的比。在实际测量中为可靠起见,可用下式对仪表的测量误差进行估计,即

$$\delta_m = a\% \cdot \frac{X_n}{X}。$$

## 2.3.2  误差的基本性质

在化工原理实验中通常依靠直接测量或间接测量得到有关的参数数据,这些参数数据的可靠程度如何?如何提高其可靠性?因此,必须研究在给定条件下误差的基本性质和变化规律。

**1. 误差的正态分布**

如果测量数列中不包括系统误差和过失误差,从大量的实验中发现偶然误差的大小

有如下几个特征：

(1)绝对值小的误差比绝对值大的误差出现的机会多，即误差的概率与误差的大小有关。这是误差的单峰性。

(2)绝对值相等的正误差或负误差出现的次数相当，即误差的概率相同。这是误差的对称性。

(3)极大的正误差或负误差出现的概率都非常小，即大的误差一般不会出现。这是误差的有界性。

(4)随着测量次数的增加，偶然误差的算术平均值趋近于零。这叫误差的抵偿性。

根据上述的误差特征，可拟定出误差出现的概率分布图(图 2-3-2)。图中横坐标表示偶然误差，纵坐标表示个误差出现的概率，图中曲线称为误差分布曲线，以 $y = f(x)$ 表示。高斯误差分布定律亦称为误差方程，其数学表达式为

$$y = \frac{1}{\sqrt{2\pi}\sigma}\mathrm{e}^{-\frac{x^2}{2\sigma^2}} \text{ 或 } y = \frac{h}{\sqrt{\pi}}\mathrm{e}^{-h^2 x^2}$$

式中，$\sigma$——标准误差；

$h$——精确度指数，$\sigma$ 和 $h$ 的关系为 $y = \dfrac{1}{\sqrt{2}\sigma}$。

若误差按函数关系分布，则称为正态分布。$\sigma$ 越小，测量精度越高，分布曲线的峰越高且窄；$\sigma$ 越大，分布曲线越平坦且越宽(见图 2-3-3)。由此可知，$\sigma$ 越小，小误差占的比重越大，测量精度越高。反之，则大误差占的比重就越大，测量精度越低。

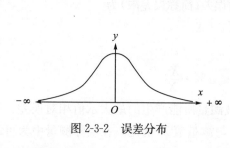

图 2-3-2  误差分布

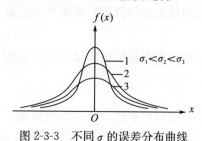

图 2-3-3  不同 $\sigma$ 的误差分布曲线

**2. 测量集合的最佳值**

在测量精度相同的情况下，测量一系列观测值 $M_1$，$M_2$，…，$M_n$ 所组成的测量集合，假设其平均值为 $M_m$，则各次测量误差为

$$x_i = M_i - M_m, \quad i = 1,2,\cdots,n$$

当采用不同的方法计算平均值时，所得到的误差值不同，误差出现的概率亦不同。若选取适当的计算方法，使误差最小，而概率最大，由此计算的平均值为最佳值。根据高斯分布定律，只有各点误差平方和最小，才能实现概率最大。这就是最小乘法值。由此可见，对于一组精度相同的观测值，采用算术平均得到的值是该组观测值的最佳值。

**3. 有限测量次数中标准误差 $\sigma$ 的计算**

由误差基本概念可知，误差是观测值和真值之差。在没有系统误差存在的情况下，

以无限次测量所得到的算术平均值为真值。当测量次数为有限时，所得到的算术平均值近似于真值，称最佳值。因此，观测值与真值之差不同于观测值与最佳值之差。

令真值为 $A$，计算平均值为 $a$，观测值为 $M$，并令 $d = M - a$，$D = M - A$，则

$$d_1 = M_1 - a, \qquad D_1 = M_1 - A$$
$$d_2 = M_2 - a, \qquad D_2 = M_2 - A$$
$$\cdots\cdots \qquad\qquad \cdots\cdots$$
$$d_n = M_n - a, \qquad D_n = M_n - A$$
$$\sum d_i = \sum M_i - na \qquad \sum D_i = \sum M_i - nA$$

因为 $\sum M_i - na = 0$，则 $\sum M_i = na$

代入 $\sum D_i = \sum M_i - nA$ 中，即

$$a = A + \frac{\sum D_i}{n}$$

将 $a = A + \dfrac{\sum D_i}{n}$ 代入 $d_i = M_i - a$ 中，得

$$d_i = (M_i - A) - \frac{\sum D_i}{n} = D_i - \frac{\sum D_i}{n}$$

两边各平方，得

$$d_1^2 = D_1^2 - 2D_1 \frac{\sum D_i}{n} + \left(\frac{\sum D_i}{n}\right)^2$$
$$d_2^2 = D_2^2 - 2D_2 \frac{\sum D_i}{n} + \left(\frac{\sum D_i}{n}\right)^2$$
$$\cdots\cdots \qquad\qquad \cdots\cdots$$
$$d_n^2 = D_n^2 - 2D_n \frac{\sum D_i}{n} + \left(\frac{\sum D_i}{n}\right)^2$$

对 $i$ 求和

$$\sum d_i^2 = \sum D_i^2 - 2\frac{(\sum D_i)^2}{n} + n\left(\frac{\sum D_i}{n}\right)^2$$

因在测量中正负误差出现的机会相等，故将 $(\sum D_i)^2$ 展开后，$D_1 \cdot D_2$、$D_1 \cdot D_3 \cdots$，为正为负的数目相等，彼此相消，故得

$$\sum d_i^2 = \sum D_i^2 - 2\frac{\sum D_i^2}{n} + n\frac{\sum D_i^2}{n^2}$$
$$= \frac{n-1}{n}\sum D_i^2$$

从上式可以看出，在有限测量次数中，自算数平均值计算的误差平方和永远小于自真值计算的误差平方和。根据标准误差的定义

$$\sigma = \sqrt{\frac{\sum D_i^2}{n}}$$

式中$\sum D_i^2$代表观测次数为无限多时误差的平方和，故当观测次数有限时，

$$\sigma = \sqrt{\frac{\sum d_i^2}{n-1}}$$

### 4. 可疑观测值的舍弃

由概率积分可知，随机误差正态分布曲线下的全部积分，相当于全部误差同时出现的概率，即

$$p = \frac{1}{\sqrt{2\pi}\sigma} \int_{-\infty}^{\infty} e^{-\frac{x^2}{2\sigma^2}} dx = 1$$

若误差$x$以标准误差$\sigma$的倍数表示，即$x = t\sigma$，则在$\pm t\sigma$范围内出现的概率为$2\Phi(t)$，超出这个范围的概率为$1-2\Phi(t)$。$\Phi(t)$称为概率函数，表示为

$$\Phi(t) = \frac{1}{\sqrt{2\pi}} \int_0^t e^{-\frac{t^2}{2}} dt$$

$2\Phi(t)$与$t$的对应值在数学手册或专著中均附有此类积分表，读者需要时可自行查取。在使用积分表时，需已知$t$值。由表 2-3-1 和图 2-3-4 给出几个典型及其相应的超出或不超出$|x|$的概率。

**表 2-3-1  误差概率和出现次数**

| $t$ | $\|x\| = t\sigma$ | 不超出$\|x\|$的概率 $2\varphi(t)$ | 超出$\|x\|$的概率 $1-2\varphi(t)$ | 测量次数 $n$ | 超出$\|x\|$的测量次数 |
|---|---|---|---|---|---|
| 0.67 | $0.67\sigma$ | 0.49714 | 0.50286 | 2 | 1 |
| 1 | $1\sigma$ | 0.68269 | 0.31731 | 3 | 1 |
| 2 | $2\sigma$ | 0.95450 | 0.04550 | 22 | 1 |
| 3 | $3\sigma$ | 0.99730 | 0.00270 | 370 | 1 |
| 4 | $4\sigma$ | 0.99991 | 0.00009 | 11111 | 1 |

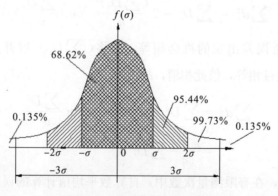

图 2-3-4  误差分布曲线的积分

由表 2-3-1 可知，当 $t=3$，$|x|=3\sigma$ 时，在 370 次观测中只有一次测量的误差超过 $3\sigma$ 范围。在有限次的观测中，一般测量次数不超过十次，可以认为误差大于 $3\sigma$，可能是由于过失误差或实验条件变化未被发觉等原因引起的。因此，凡是误差大于 $3\sigma$ 的数据点予以舍弃。这种判断可疑实验数据的原则称为 $3\sigma$ 准则。

### 5. 函数误差

上述主要是讨论直接测量的误差计算问题，但在许多场合下，往往涉及间接测量的变量，所谓间接测量是通过直接测量的量之间有一定的函数关系，并根据函数被测的量，如传热问题中的传热速率。因此，间接测量值就是直接测量得到的各个测量值的函数。其测量误差是各个测量值误差的函数。

函数误差的一般形式，在间接测量中，一般为多元函数，而多元函数可用下式表示：

$$y = f(x_1, x_2, \cdots, x_n)$$

式中，$y$——间接测量值；

$x_i$——直接测量值。

由泰勒级数展开得

$$\Delta y = \frac{\partial f}{\partial x_1}\Delta x_1 + \frac{\partial f}{\partial x_2}\Delta x_2 + \cdots + \frac{\partial f}{\partial x_n}\Delta x_n \quad \text{或} \quad \Delta y = \sum_{i=1}^{n} \frac{\partial f}{\partial x_i}\Delta x_i$$

它的最大绝对误差为

$$\Delta y = \left| \sum_{i=1}^{n} \frac{\partial f}{\partial x_i}\Delta x_i \right|$$

式中，$\dfrac{\partial f}{\partial x_i}$——误差传递系数；

$\Delta x_i$——直接测量值的误差；

$\Delta y$——间接测量值的最大绝对误差。

函数的相对误差 $\delta$ 为

$$\delta = \frac{\Delta y}{y} = \frac{\partial f}{\partial x_1}\frac{\Delta x_1}{y} + \frac{\partial f}{\partial x_2}\frac{\Delta x_2}{y} + \cdots + \frac{\partial f}{\partial x_n}\frac{\Delta x_n}{y}$$

$$= \frac{\partial f}{\partial x_1}\delta_1 + \frac{\partial f}{\partial x_2}\delta_2 + \cdots + \frac{\partial f}{\partial x_n}\delta_n$$

下面介绍某些函数误差的计算。

(1)函数 $y = x \pm z$ 绝对误差和相对误差。

由于误差传递系数为 $\dfrac{\partial f}{\partial x}=1$，$\dfrac{\partial f}{\partial z}=\pm 1$，则函数最大绝对误差

$$\Delta y = \pm(|\Delta x| + |\Delta z|)$$

相对误差

$$\delta_r = \frac{\Delta y}{y} = \pm \frac{|\Delta x| + |\Delta z|}{x + z}$$

（2）函数形式为 $y = K\dfrac{xz}{w}$，$x$、$z$、$w$ 为变量。

误差传递系数为

$$\frac{\partial y}{\partial x} = \frac{Kz}{w};\ \frac{\partial y}{\partial z} = \frac{Kx}{w};\ \frac{\partial y}{\partial w} = -\frac{Kxz}{w^2}$$

函数的最大绝对误差为

$$\Delta y = \left|\frac{Kz}{w}\Delta x\right| + \left|\frac{Kx}{w}\Delta z\right| + \left|\frac{Kxz}{w^2}\Delta w\right|$$

函数的最大相对误差为

$$\delta_r = \frac{\Delta y}{y} = \left|\frac{\Delta x}{x}\right| + \left|\frac{\Delta z}{z}\right| + \left|\frac{\Delta w}{w}\right|$$

现将某些常用函数的最大绝对误差和相对误差列于表 2-3-2 中。

表 2-3-2　某些函数的误差传递公式

| 函数式 | 误差传递公式 | |
|---|---|---|
| | 最大绝对误差 $\Delta y$ | 最大相对误差 $\delta_r$ |
| $y = x_1 + x_2 + x_3$ | $\Delta y = \pm(\lvert\Delta x_1\rvert + \lvert\Delta x_2\rvert + \lvert\Delta x_3\rvert)$ | $\delta_r = \Delta y/y$ |
| $y = x_1 + x_2$ | $\Delta y = \pm(\lvert\Delta x_1\rvert + \lvert\Delta x_2\rvert)$ | $\delta_r = \Delta y/y$ |
| $y = x_1 x_2$ | $\Delta y = \pm(\lvert x_1\Delta x_2\rvert + \lvert x_2\Delta x_1\rvert)$ | $\delta_r = \pm\left\lvert\dfrac{\Delta x_1}{x_1} + \dfrac{\Delta x_2}{x_2}\right\rvert$ |
| $y = x_1 x_2 x_3$ | $\Delta y = \pm(\lvert x_1 x_2\Delta x_3\rvert + \lvert x_1 x_3\Delta x_2\rvert + \lvert x_2 x_3\Delta x_1\rvert)$ | $\delta_r = \pm\left\lvert\dfrac{\Delta x_1}{x_1} + \dfrac{\Delta x_2}{x_2} + \dfrac{\Delta x_3}{x_3}\right\rvert$ |
| $y = x^n$ | $\Delta y = \pm(nx^{n-1}\Delta x)$ | $\delta_r = \pm n\left\lvert\dfrac{\Delta x}{x}\right\rvert$ |
| $y = \sqrt[n]{x}$ | $\Delta y = \pm(\dfrac{1}{n}x^{\frac{1}{n}-1}\Delta x)$ | $\delta_r = \pm\dfrac{1}{n}\left\lvert\dfrac{\Delta x}{x}\right\rvert$ |
| $y = x_1/x_2$ | $\Delta y = \pm(\dfrac{x_2\Delta x_1 + x_1\Delta x_2}{x_2^2})$ | $\delta_r = \pm\left\lvert\dfrac{\Delta x_1}{x_1} + \dfrac{\Delta x_2}{x_2}\right\rvert$ |
| $y = cx$ | $\Delta y = \pm\lvert c\Delta x\rvert$ | $\delta_r = \pm\left\lvert\dfrac{\Delta x}{x}\right\rvert$ |
| $y = \lg x$ | $\Delta y = \pm\left\lvert 0.4343\dfrac{\Delta x}{x}\right\rvert$ | $\delta_r = \Delta y/y$ |
| $y = \ln x$ | $\Delta y = \pm\left\lvert\dfrac{\Delta x}{x}\right\rvert$ | $\delta_r = \Delta y/y$ |

### 6. 间接测量值的误差分析

在实际测试时，有些物理量可以直接测得，如长度、重量、时间、温度、位移、应变等，这些物理量可以统称为直接测量量。但有些物理量（如应力等）却不能直接测得，而必须通过先测出某些物理量（如弹性模量 $E$、泊松比以及应变值等），然后再按一定公式（如胡克定律、广义胡克定律等）计算求得。这种方法叫做间接测量方法。

间接测量值是各直接测量值的函数。间接测量值的误差主要分两类：已知自变量的误差求函数误差的问题称为"误差传递"问题；若给定了间接测量值的误差，要确定各直接测量值应保持多高的精度才能保证间接测量值的误差不至于超过给定的范围，这类已知函数的误差求各自变量误差的问题称为"误差分配"问题。

1)误差传递

设间接测定量 $u$ 与直接测定量 $x_1$，$x_2$，$\cdots$，$x_r$ 之间具有下述函数关系：$u = f(x_1$，$x_2$，$\cdots$，$x_r)$。其中 $x_1$，$x_2$，$\cdots$，$x_r$ 经过多次测定，其相应的算术平均值分别为 $\bar{x}_1$，$\bar{x}_2$，$\cdots$，$\bar{x}_r$，其标准误差分别为 $\sigma_{x_1}$，$\sigma_{x_2}$，$\cdots$，$\sigma_{x_r}$，且各误差互不相干，则间接测定量 $u$ 的最佳为

$$\bar{u} = f(\bar{x}_1, \bar{x}_2, \cdots, \bar{x}_r)$$

则标准误差为

$$\sigma_u = \sqrt{\left(\frac{\partial f}{\partial x_1}\right)^2 \sigma_{x_1}^2 + \left(\frac{\partial f}{\partial x_2}\right)^2 \sigma_{x_2}^2 + \cdots + \left(\frac{\partial f}{\partial x_r}\right)^2 \sigma_{x_r}^2}$$

上式即为间接测量时的误差传递公式。

(1)绝对误差传递。当测量值 $x$，$y$，$z$ 有微小改变 $\mathrm{d}x$，$\mathrm{d}y$，$\mathrm{d}z$ 时，间接测量量 $N$ 改变 $\mathrm{d}N$，通常误差远小于测量值，把 $\mathrm{d}x$，$\mathrm{d}y$，$\mathrm{d}z$，$\mathrm{d}N$ 看作是误差，则绝对误差传递公式

$$\Delta N = \frac{\partial f}{\partial x}\Delta x + \frac{\partial f}{\partial y}\Delta y + \frac{\partial f}{\partial z}\Delta z$$

(2)相对误差传递。在某些情况下，计算间接测量量的相对误差较为简便，其计算公式为

$$\frac{\mathrm{d}N}{N} = \frac{\partial \ln f}{\partial x}\mathrm{d}x + \frac{\partial \ln f}{\partial y}\mathrm{d}y + \frac{\partial \ln f}{\partial z}\mathrm{d}z + \cdots$$

2)误差分配

当直接测定量不止一个时，即当自变量不止一个时，其反函数是不唯一的。换句话说，仅给定间接测定量的误差，各直接测定量的允许误差可以有多种分配方案。当各直接测定量的误差难以估计时，可采用等效传递原理，即假定各自变量的误差对函数误差的贡献均相同。这样，标准误差

$$\sigma_u = \sqrt{r}\,\frac{\partial f}{\partial x_i}\sigma_{x_i}$$

则各直接测定量的误差为

$$\sigma_{x1} = \frac{\sigma_u}{\sqrt{r}\,\dfrac{\partial f}{\partial x_1}}; \sigma_{x_2} = \frac{\sigma_u}{\sqrt{r}\,\dfrac{\partial f}{\partial x_2}}; \sigma_{x_r} = \frac{\sigma_u}{\sqrt{r}\,\dfrac{\partial f}{\partial x_r}}$$

## 2.3.3　测试结果分析

实验的测量结果包括测量值、误差、单位三部分。

**1. 结果的数字表示**

在科学与工程中，该用几位有效数字来表示测量或计算结果，总是以一定位数的数

字来表示。不是说一个数值中小数点后面位数越多越准确。实验中从测量仪表上所读数值的位数是有限的，而取决于测量仪表的精度，其最后一位数字往往是仪表精度所决定的估计数字。即一般应读到测量仪表最小刻度的十分之一位。数值准确度大小由有效数字位数来决定。

### 1）有效数字

表示测量误差的有效数字不应超过两位，最后的测量结果应该采用保证其极限误差≤0.5 单位的方法表示。例如：

(1)测量值 $Y=980.1138$，其极限误差 $\Delta=0.004536$，由于其极限误差 $0.004536<0.005$，故测量值 $Y$ 应取五位有效数，即测量结果应写为 $Y=980.11\pm0.0045$。而当 $Y=980.1138$，$\Delta Y=0.005834$ 时，由于其极限误差 $0.005834<0.05$，故 $Y$ 应取四位有效数，即 $Y=980.1\pm0.006$，或 $Y=980.1\pm0.0058$，而不应写成 $y=980.1138\pm0.0058$。

(2)测流体阻力所用的 U 形管压差计，最小刻度是 1mm，但我们可以读到 0.1mm，如 342.4mmHg。又如二等标准温度计最小刻度为 0.1℃，我们可以读到 0.01℃，如 15.16℃。此时有效数字为 4 位，而可靠数字只有三位，最后一位是不可靠的，称为可疑数字。记录测量数值时只保留一位可疑数字。

### 2）科学记数法

为了清楚地表示数值的精度，明确读出有效数字位数，常用指数的形式表示，即写成一个小数与相应 10 的整数幂的乘积。这种以 10 的整数幂来记数的方法称为科学记数法。

如：75200 有效数字为 4 位，记为 $7.520\times10^4$；有效数字为 3 位，记为 $7.52\times10^4$ 有效数字为 2 位，记为 $7.5\times10^4$。

0.00478 有效数字为 4 位，记为 $4.780\times10^{-3}$；有效数字为 3 位，记为 $4.78\times10^{-3}$ 有效数字为 2 位，记为 $4.7\times10^{-3}$。

## 2. 有效数字运算规则

(1)记录测量数值时，只保留一位可疑数字。

(2)当有效数字位数确定后，其余数字一律舍弃。

舍弃办法主要有：

①四舍五入：在基础实验中，对数字的取舍采用四舍五入的规则。

②四舍六入五单双：即末位有效数字后边第一位小于 5，则舍弃不计；大于 5 则在前一位数上增 1；等于 5 时，前一位为奇数，则进 1 为偶数，前一位为偶数，则舍弃不计。这种舍入原则可简述为：小则舍，大则入，正好等于奇变偶。

如：保留 4 位有效数字 3.71729→3.717；　5.14285→5.143

7.62356→7.624；　9.37656→9.376

③四舍六入五考虑：如果有效数字后的第一位数为 5，且 5 以后非 0 则进 1；5 以后为 0 且有效数的末位为偶数则舍去；若 5 以后皆为 0 但有效数的末位为奇数则进 1。

如： 314.1500→314.2；450.2500→450.2

(3)在加减计算中，各数所保留的位数，应与各数中小数点后位数最少的相同。

如：24.65、0.0082、1.632 三个数字相加时，应写为 24.65+0.01+1.63=26.29。

(4)在乘除运算中，各数所保留的位数，以各数中有效数字位数最少的那个数为准；结果的有效数字位数亦应与原来各数中有效数字最少的那个数相同。

如：0.0121×25.64×1.05782 应写成 0.0121×25.64×1.06=0.328。

上例说明，虽然这三个数的乘积为 0.3281823，但只应取其积为 0.328。

(5)乘方、开方后有效数字的位数保持不变。

(6)在对数计算中，所取对数位数应与真数有效数字位数相同。

### 3. 实验数据的处理

在实验过程中，选择合适的数据处理方法，能够简明、直观地分析和处理实验数据，易于显示物理量之间的联系和规律性。常用的数据处理方法有以下几种：

1)列表法

(1)使用表格处理数据时，需要注意标明物理量的单位和符号。还应注明表格的名称、实验工况以及有关序号等。设计表格要简单明了，便于分析、比较物理量 $S$ 的变化规律。

(2)自变量与因变量之间的一一对应关系应以自变量具有等间距的顺序表示出来。否则应采用图解法等方法进行"数据分度"，也就是先将原始数据在坐标上描点，作出光滑曲线，然后按自变量的规则间隔，从曲线上逐个地读出因变量的数值并列成表格。

(3)数据在写入表格前，应按测量精度和有效数字的取舍原则确定好，然后填入表格。

2)图示法

图示法就是将实验数据在坐标纸上用曲线表示出来。这样所得的曲线称为实验曲线。这种方法的突出优点是可以形象直观地看出相关量之间的规律，并可突出地显示其重要特点：如最大值、最小值、拐点、转折点、变化速率等。常用作图包括曲线图、折线图、直方图等，所用图纸有直角坐标、极坐标、对数坐标纸等几种。目前图示法在工程、科研测试中应用非常广泛，在应用过程中需注意以下几点：

(1)坐标系统的选取。作图时所用的坐标系，对所绘的曲线影响很大。主要视其能否绘出简单的几何曲线为准则，最好能使绘出的曲线为直线。如在半对数直角坐标系下就可以将一组具有幂函数规律的数据点绘成直线。

(2)坐标分度。坐标线的分度要适当，要与被表示量的精度相对应。例如用装有百分表的表式引伸仪测得的试件伸长为 0.24mm，由于百分表的最小分度为 1/100mm，故在直角坐标上应用 1 小格代表 0.01mm。另外，坐标分度值不一定都非得从零开始。

(3)曲线的描绘。①实验曲线一般不会通过所有数据点，特别是在仪器的精度较差的状态下所测得的两端点，但应使曲线尽可能地通过或接近所有数据点。②当实验曲线无法通过任一数据点时，根据误差正态分布规律的对称性，应尽量使曲线两侧的数据点点数相当。③曲线的走向、极值点、拐点等关键处应有明确地表示。常用软件：Origin、Excel、Matlab、Winsurf、Kgraph 等。

**3)数据拟合法**

从已知的离散数据中找出变量之间关系方程式的计算方法称为数据拟合法。用这种方法所得到的关系式称为经验公式。用经验公式来表示实验结果既紧凑又能保存所有实验数据，既便于应用又较深刻地反映了物理现象的内在规律。因而这种方法目前在工程技术和科学研究中十分有用，特别在关系方程尚未知的物理现象的研究中，用经验公式表示诸物理量之间的关系是目前常用的有效方法。

(1)经验公式类型的判定。这是个复杂且困难的问题，一般可采取以下两种判别方法。

①几何判别法。二变量公式按其特性可分为两大类：

A. 周期性公式：这类公式一般可用三角函数表示。如

$$y = A_0 + A_1\sin x_1 + A_2\sin x_2 + \cdots + A_n\sin x_n$$
$$+ B_1\cos x_1 + B_2\cos x_2 + \cdots + B_n\cos x_n$$

B. 非周期公式：若按其几何特性此类公式大体上可分为以下几类：

a)直线公式，如 $\qquad y = a + bX$

b)抛物线公式，如 $\qquad y = aX^n \quad (n>0)$

c)双曲线公式，如 $\qquad y = aX^m \quad (m<0)$

d)指数函数型公式，如 $\qquad y = me^{nx} \quad (n\neq0)$

②代数判别法——表差法。由级数理论可知，任何曲线都可以用多项式级数去逼近。即

$$y = B_0 + B_1x + B_2x^2 + \cdots + B_nx^n$$

那么，如何根据实验数据来确定该逼近多项式的次数 $n$ 呢？由于 $n$ 次多项式的 $n$ 阶导数必为常数，$n+1$ 阶导数必为 0，故我们可以用所谓"表差法"来确定多项式的次数 $n$。其具体步骤如下：

a)根据实验数据绘出曲线，如图 2-3-5 所示。

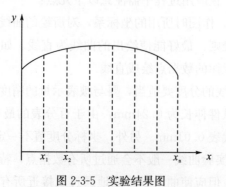

图 2-3-5　实验结果图

b) 根据 $x$ 的定差，确定曲线上相应点的坐标，并列出表 2-3-3 所示的对应值表格。

**表 2-3-3　对应值表**

| $x$ | $y$ | $\Delta y$ | $\Delta^2 y$ | $\Delta^3 y$ |
|-----|-----|-----------|-------------|-------------|
| $x_1$ | $y_1$ | | | |
| | | $\Delta y_1$ | | |
| $x_2$ | $y_2$ | | $\Delta^2 y_1$ | |
| | | $\Delta y_2$ | | $\Delta^3 y_1$ |
| $x_3$ | $y_3$ | | $\Delta^2 y_2$ | |
| | | | | $\Delta^3 y_2$ |
| | | ... | | |
| | | $\Delta y_{n-1}$ | | |
| $x_n$ | $y_n$ | | | |

c) 计算 $y$ 的各阶差分值：$\Delta y$，$\Delta^2 y$，$\Delta^3 y$。直至某阶差分的各差分值 $\Delta^n y_1$，$\Delta^n y_2$，…，$\Delta^n y_{m-n}$ 大致相同为止。则 $n$ 即为该逼近多项式的最高次数。设表 2-3-3 中的各三阶差分值 $\Delta^3 y_1$，$\Delta^3 y_2$，…，$\Delta^3 y_{m-1}$（若继续计算其四阶差分，则各差分值均接近于零），则该组实验数据可用三次多项式 $y = B_0 + B_1 x + B_2 x^2 + B_3 x^3$ 作为其经验公式。

如何确定经验公式？

(1) 直线图解法。凡实验数据可直接或经过坐标变换后绘成一条直线，亦即其经验公式可用直线公式表示的均可采用此法来确定公式中的两个常数：斜率 $n$ 和截距 $m$。

(2) 最小二乘法。当经验公式中要确定的常数较多（超过 2 个）时，可采用此法。该法的依据是最小二乘法原理，即最佳曲线应使各数据点与该曲线偏差的平方和为最小。

## 练 习 题

1. 利用 Excel 的计算功能计算维氏硬度和压痕法测试陶瓷材料的断裂韧性，其公式如下：

$$HV_p = 1.8544 P / d^2$$

$$K_{IC} = 0.016 [E / HV_p]^{0.5} P (c')^{-3/2}$$

其中，$P$ 为载荷重量（10 kg），$d$ 为压痕对角线长度（1 mm），$HV_p$ 为硬度值（kg/mm$^2$），$E$ 为弹性模量（对陶瓷材料大致为 300 GPa），$c'$ 为压痕裂纹长度（0.05 m）。求 $K_{IC}$ 断裂韧性值（MPa·m$^{1/2}$）。

2. 利用 Excel 的计算功能计算某液体的黏度，已知液体的黏度与其雷诺数 $Re$ 是相关的，当 $Re \leqslant 6$ 时，$\mu_f = g(\rho_s - \rho_f) D^2 / 18 \mu_t$；当 $6 < Re \leqslant 500$ 时，$\mu_f = 0.018 \times$

$[(\rho_s - \rho_f)^2 g^2 D^3]/\mu_t^3 \rho_f$。其中，$\mu_f$ 为液体的黏度，$D$ 为铜球的直径，值为 0.5 mm，$\rho_s$ 为铜球密度 8.9 g/cm²，铜球在该液体中的沉降速度 $\mu_t$ 为 1.5 cm/s。液体的密度 $\rho_f$ 为 0.85 g/cm³。求该液体在两种雷诺数情况下的黏度 $\mu_f$。

3. 请用 Excel 软件绘制锆含量对磁体性能的影响曲线，其性能参数见练习题表 1。

练习题表 1　锆含量与磁体的性能参数

| 锆含量/% | (BH)m/kJm⁻³ | Br/T | Hci/kAm⁻¹ | Hk/Hci/% |
|---|---|---|---|---|
| 0 | 57 | 0.642 | 44.7 | 24.6 |
| 0.5 | 60 | 0.651 | 52.5 | 25.7 |
| 1 | 77 | 0.675 | 61.6 | 39.9 |
| 1.5 | 72 | 0.655 | 73.1 | 36.7 |
| 2 | 71 | 0.647 | 76.6 | 35.4 |
| 2.5 | 69 | 0.644 | 77 | 35.2 |

4. 某种合金的抗拉强度 $\sigma$ 和延伸率 $\delta$ 与含碳量 $x$ 关系的实验数据如练习题表 2 所示。①试用 Excel 画出他们间的关系图。②根据生产需要，该合金有如下质量指标：在置信度为 95% 的条件下，延伸率 $\delta > 34\%$，问该材料的含碳量应该控制在什么范围？

练习题表 2　某合金含碳量与机械性能参数

| $C/\%$ | 0.04 | 0.07 | 0.09 | 0.11 | 0.12 | 0.16 | 0.19 | 0.23 |
|---|---|---|---|---|---|---|---|---|
| $\sigma/(N/mm^2)$ | 371 | 405 | 421 | 439 | 450 | 482 | 505 | 569 |
| $\delta/\%$ | 40.5 | 37.2 | 39.2 | 37 | 37.4 | 35 | 35.5 | 32.1 |

# 第 3 章　实验部分

## 3.1　X 射线衍射仪的认识与表征

### 3.1.1　实验目的

(1)了解 X 射线衍射仪的结构和工作原理。

(2)学会使用 MDI Jade 5 软件进行物相分析。

(3)掌握 X 射线衍射仪分析测试材料的制样方法。

(4)掌握 X 射线衍射仪分析测试的操作步骤。

### 3.1.2　实验原理

#### 1. X 射线衍射分析法

X 射线衍射分析法是一种根据晶体对 X 射线的衍射特征——衍射线的位置、强度及数量来鉴定结晶物质的物相的方法。X 射线衍射技术在材料、化工、物理、地质等学科越来越受到重视。

每一种结晶物质都有其各自独特的化学组成和晶体结构。没有任何两种物质，它们的晶胞大小、质点种类及其在晶胞中的排列方式是完全一致的。因此，当 X 射线被晶体衍射时，每一种结晶物质都有自己独特的衍射花样，它们的特征可以用各个衍射晶面间距 $d$ 和衍射线的相对强度 $I/I_0$ 来表征。其中晶面间距 $d$ 与晶胞的形状和大小有关，相对强度则与质点的种类及其在晶胞中的位置有关。所以任何一种结晶物质的衍射数据 $d$ 和 $I/I_0$ 是其晶体结构的必然反映，因此可以根据它们来鉴别结晶物质的物相。

X 射线衍射分析法是研究物质多晶型的主要手段之一，分为单晶法和粉末多晶 X 射线法。通过给出晶胞参数，如原子间距离、环平面距离、双面夹角等可确定样品的晶型与结构。粉末 X 射线衍射法研究的对象不是单晶体，而是许多取向随机的小晶体的总和，此法准确度高、分辨力强。每一种晶体的衍射图谱几乎与人的指纹一样，其衍射线的分布位置和强度有着特征性规律，因而成为物相鉴定的基础，它在多晶物质的定性与定量分析方面都起着决定性作用。

当 X 射线(电磁波)射入晶体后，会在晶体内产生周期性变化的电磁场，迫使晶体内原子中的电子和原子核跟着发生周期振动。原子核的这种振动比电子要弱得多，可忽略不计。振动的电子就成为一个新的发射电磁波波源，以球面波方式往各个方向散发出频率相同的电磁波。入射 X 射线虽按一定方向射入晶体，但与晶体内电子发生作用后，就由电子向各个方向发射射线。当波长为 λ 的 X 射线射到平面点阵时，每一个平面点阵都会对 X 射线产生散射(图 3-1-1)。

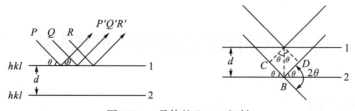

图 3-1-1   晶体的 Bragg 衍射

我们先考虑任一平面点阵 1 对 X 射线的散射作用：X 射线射到同一点阵平面的点阵点上，如果入射的 X 射线与点阵平面的交角为 $\theta$，而散射线在相当于平面镜反射方向上的交角也是 $\theta$，则射到相邻两个点阵点上的入射线和散射线所经过的光程相等，即 $PP' = QQ' = RR'$。根据光的干涉原理，它们互相加强，并且入射线、散射线和点阵平面的法线在同一平面上。

再考虑整个平面点阵族对 X 射线的作用：相邻两个平面点阵的间距为 $d$，射到面 1 和面 2 上的 X 射线的光程差为 $CB + BD$，而 $CB = BD = d\sin\theta$，即相邻两个点阵平面上光程差为 $2d\sin\theta$。根据衍射条件，光程差必须是波长 λ 的整数倍才能产生衍射，这样就得到 X 射线衍射(或 Bragg 衍射)基本公式：

$$2d\sin\theta = n\lambda$$

其中，$\theta$ 为衍射角或 Bragg 角，随 $n$ 不同而异，$n$ 为自然数。以粉末为样品，以测得的 X 射线的衍射强度($I$)与最强衍射峰的强度($I_0$)的比值($I/I_0$)为纵坐标，以 $2\theta$ 为横坐标所表示的图谱为粉末 X 射线衍射图。通常从衍射峰位置($2\theta$)，晶面间距($d$)及衍射峰强度比($I/I_0$)可得到样品的晶型变化、结晶度、晶体状态及有无混晶等信息。

### 2. X 射线衍射仪结构

X 射线衍射仪主要由 X 射线发生器(X 射线管)、测角仪、X 射线探测器测量记录系统和计算机控制处理系统等组成，其结构示意图如图 3-1-2 所示。

1)X 射线管

X 射线管采用转靶式管，这种管采用一种特殊的运动结构以大大增强靶面的冷却，即所谓旋转阳极 X 射线管，是目前最实用的高强度 X 射线发生装置。转靶式管的阳极设计成圆柱体形，柱面作为靶面，阳极需要用水冷却。工作时阳极圆柱高速旋转，这样靶面受电子束轰击的部位不再是一个点或一条线段而是被延展成阳极柱体上的一段柱面，使受热面积展开，从而有效地加强了热量的散发。所以，这种管的功率能远远超过密封式管。对于铜或钼靶管，密封式管的额定功率，目前只能达到 2 kW 左右，而转靶式管最高可达 90 kW。

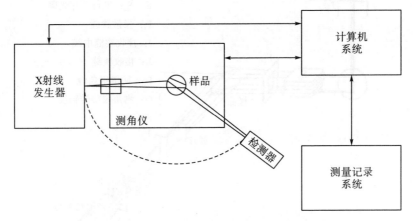

图 3-1-2 X 射线衍射仪的结构示意图

选择阳极靶的基本要求：尽可能避免靶材产生的特征 X 射线激发样品的荧光辐射，以降低衍射花样的背底，使图样清晰。不同靶材的适用范围见表 3-1-1。

表 3-1-1 不同靶材的适用范围

| 靶材 | 适用范围 |
|---|---|
| 铜 | 除了黑色金属试样以外的一般无机物，有机物 |
| 钴 | 黑色金属试样（强度高，但背底也高，最好计数器和单色器连用） |
| 铁 | 黑色金属试样（缺点是靶的允许负荷小） |
| 铬 | 黑色金属试样（强度低，但 $P/B$ 大），主要用于应力测定 |
| 钼 | 测定钢铁试样或利用透射法测定吸收系数大的试样 |
| 钨 | 单晶的劳厄照相（可用钼、铜靶，靶材原子序数越大，强度越高） |

2）测角仪

测角仪是粉末 X 射线衍射仪的核心部件，主要由索拉狭缝、发散狭缝、接收狭缝、防散射狭缝、样品座及闪烁探测器等组成。图 3-1-3 表示的是测角仪的光路系统。X 射线源使用线焦点光源，线焦点与测角仪轴平行。测角仪的中央是样品台，样品台上有一个作为放置样品时使样品平面定位的基准面，用以保证样品平面与样品台转轴重合。样品台与检测器的支臂围绕同一转轴旋转，即图 3-1-3 的 O 轴。

测角仪光路上配有一套狭缝系统：

（1）索拉狭缝：即图 3-1-3 中的 $S_1$、$S_2$，分别设在射线源与样品和样品与检测器之间。索拉狭缝是一组平行箔片光阑，实际上是由一组平行等间距的、平面与射线源焦线垂直的金属薄片组成，用来限制 X 射线在测角仪轴向方向的发散，使 X 射线束可以近似的看作仅在扫描圆平面上发散的发散束。

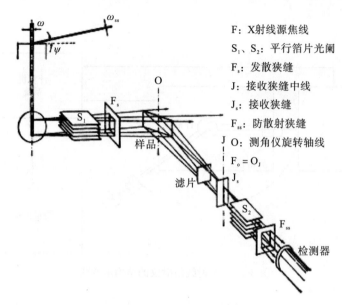

F：X射线源焦线

$S_1$、$S_2$：平行箔片光阑

$F_s$：发散狭缝

J：接收狭缝中线

$J_s$：接收狭缝

$F_{ss}$：防散射狭缝

O：测角仪旋转轴线

$F_o = O_J$

图 3-1-3　测角仪的光路系统

（2）发散狭缝：即 $F_S$，用来限制发散光束的宽度。

（3）接收狭缝：即 $J_S$，用来限制所接收的衍射光束的宽度。

（4）防散射狭缝：即 $F_{SS}$，用来防止一些附加散射（如各狭缝光阑边缘的散射，光路上其他金属附件的散射）进入检测器，有助于减低背景。

3）X 射线探测记录装置

X 射线衍射仪采用的探测器是闪烁计数器（SC），它是利用 X 射线能在某些固体物质（磷光体）中产生的波长在可见光范围内的荧光，这种荧光再转换为能够测量的电流。由于输出的电流和计数器吸收的 X 光子能量成正比，因此可以用来测量衍射线的强度。

闪烁计数管的发光体一般是用微量铊活化的碘化钠（NaI）单晶体。这种晶体经 X 射线激发后发出蓝紫色的光。将这种微弱的光用光电倍增管来放大，发光体的蓝紫色光激发光电倍增管的光电面（光阴极）而发出光电子（一次电子），光电倍增管电极由 10 个左右的联极构成，由于一次电子在联极表面上激发二次电子，经联极放大后电子数目按几何级数剧增（约 $10^6$ 倍），最后输出几个毫伏的脉冲。

4）计算机控制、处理装置

X 射线衍射仪的主要操作都由计算机控制自动完成，扫描操作完成后，衍射原始数据自动存入计算机硬盘中供数据分析处理。数据分析处理包括平滑点的选择、背底扣除、自动寻峰、$d$ 值计算，衍射峰强度计算等。

## 3.1.3　仪器与试剂

X 射线衍射仪、计算机操作系统、样品试片板、研钵、筛网、样品标样、无水乙醇等。

## 3.1.4　实验步骤

### 1. 样品制备

1)粉末样品

X 射线衍射分析的粉末试样必须满足两个条件：晶粒要细小、试样无择优取向(取向排列混乱)。所以，通常将试样研细后使用，可用玛瑙研钵研细。定性分析时粒度应小于 $44\mu m$(350 目)，定量分析时应将试样研细至 $10\mu m$ 左右。较方便地确定 $10\mu m$ 粒度的方法是，用拇指和中指捏住少量粉末，并碾动，两手指间没有颗粒感觉的粒度大致为 $10\mu m$。

常用的粉末样品架有金属试样架和玻璃试样架。金属试样架的填充区为 20mm×18mm，主要用于粉末试样较多时；玻璃试样架是在玻璃板上蚀刻出来的试样填充区为 20mm×18mm，主要用于粉末试样较少时(约少于 500mm³)使用。充填时，将试样粉末一点一点地放进试样填充区，重复这种操作，使粉末试样在试样架里均匀分布并用玻璃板压平实，要求试样面与玻璃表面齐平。如果试样的量少到不能充分填满试样填充区，可在玻璃试样架凹槽里先滴一薄层用醋酸戊酯稀释的火棉胶溶液，然后将粉末试样撒在上面，待干燥后测试。

2)块状样品

先将块状样品表面研磨抛光，大小不超过 20mm×18mm，然后用橡皮泥将样品粘在金属试样架上，要求样品表面与金属试样架表面齐平。

### 2. 样品测试

(1)开总电源，开冷却水箱电源。

(2)将制备好的试样插入衍射仪样品台。启动计算机上的数据采集系统。输入文件名。根据需要设置参数：扫描方式、扫描范围、扫描速度、测角仪转动方式等。

(3)测量完毕，关闭 X 射线衍射仪应用软件，取出试样；15min 后关闭循环水泵，关闭水源；关闭衍射仪总电源及线路总电源。

### 3. 数据处理

测试完毕后，将样品测试数据存入计算机，用数据处理分析系统 Jade 软件对其进行图谱分析、寻峰、求面积、重心、积分宽、减背景、衍射图比较(多重衍射图的叠合显示)、平滑处理、格式转换(可以把本机采集的衍射数据文件转换成其他数据处理程序能接受的文本格式文件)等处理。

## 3.1.5　实验注意事项

(1)保持 X 射线衍射仪工作仓内温度为 22～25℃，室内湿度小于 60％rh；冷却循环水装置设定冷却循环水温为 20℃±2℃。

(2)打开 X 射线前需检查循环水是否正常工作，在仪器开机状态时，关闭循环水电源，如果仪器报警则说明循环水能正常工作。

(3)测量过程中，切勿随意打开防护罩门，操作人员谨防 X 射线直射人体。

(4)若 XRD 射线源处红色警灯亮则不能打开防护罩。

(5)由于 XRD 在工作过程中使用变压器提供高压电源，所以仪器工作过程中严禁触碰除操作面板上的按钮外的任何按钮和配件，特别是线路。

(6)XRD 在工作过程中禁止任何人员进入仪器背面区域，防止 X 射线对人体造成伤害。

(7)如果仪器出现可自行解决的问题或者需要日常维护，首先应切断所有电源才可进行。

(8)如果发现循环水外漏，首先切断电源再检查各个接口，严禁带电操作。关机之前检查外循环水是否关闭。

## 3.1.6　思考题

(1)简述 X 射线衍射分析的特点和应用。

(2)粉末样品制备有几种方法，应注意什么问题?

(3)晶体和非晶体 XRD 图谱的区别是什么?

(4)用 XRD 怎么进行未知样品的物相分析?

(5)X 射线谱图分析鉴定应注意什么问题?

# MDI Jade 5 软件简要操作说明

### 1. 启动软件，读入文件

双击"MDI Jade"图标，启动后，进入 Jade 的主窗口。选择菜单"File→Patterns…"或左击常用工具栏中工具" "打开一个读入文件的对话框，在"＊raw，＊txt，＊rd"等格式的文件名上双击，这个文件就被"读入"到主窗口并显示出来(图 3-1-4)。

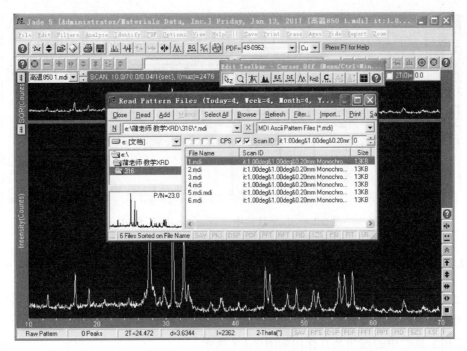

图 3-1-4 Jade 软件文件打开窗口

如果点击"Add"按钮，就会在原有读取的图的基础上添加另一张图谱，使多张图共同显示（图 3-1-5）。

若选择"Thumbnail…"则以另一种方式显示这个对话框，选择哪一张图，那一张图的左上方就会出现绿色的标志（图 3-1-6）。

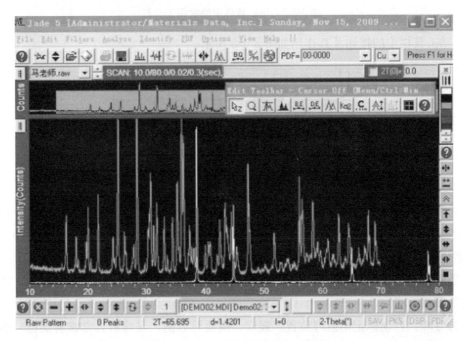

图 3-1-5 Jade 软件中显示多张图谱

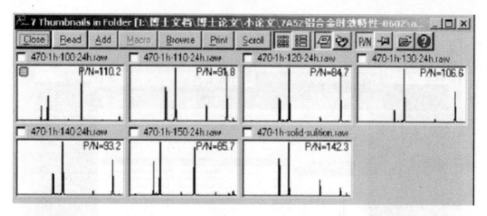

图 3-1-6　Jade 软件中"Thumbnail…"窗口

### 2. 工具栏简介

把菜单下面总显示在窗口中的工具栏称为常用工具栏，而另一个悬挂式的菜单，作为常用工具栏的辅助工具栏称为手动工具栏。

常用工具栏中的按钮及其作用如图 3-1-7 所示。

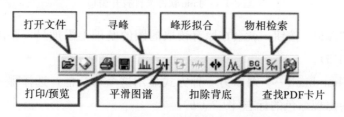

图 3-1-7　Jade 软件中的常用工具栏

手动工具栏中的按钮及其作用如图 3-1-8 所示。

图 3-1-8　Jade 软件中的手动工具栏

下面是工具栏中常用按钮的功能简介：

（1）打开文件：打开图谱文件，显示在当前窗口中，如果以 Read 方式读入，新图谱替换窗口中原有图谱；如果以 Add 方式读入，新图谱与旧图谱同时显示在窗口中，实现多图谱显示。

（2）打印/预览：单击鼠标左键，直接打印当前窗口中的图谱，单击右键，则显示"预览"窗口。

（3）寻峰：自动标记衍射峰位置、强度、高度等数据，寻峰后，常常有误标，需要用手动寻峰方式来删除或添加峰标记。鼠标左键点击某处，增加一个标记背景线，线上有许多圆点，移动点的位置可调整曲线的上下高度，右键则删除一个标记。寻峰后，可查看寻峰报告。

（4）图谱平滑：测量的曲线一般都因"噪声"而使曲线不光滑，在有些处理后也会出现这种情况，需要将曲线变得光滑一些，数据平滑的原理是将连续多个数据点求和后取平均值来作为数据点的新值。因此，每平滑一次，数据就会失真一次。一般采用 9~15 点平滑为好。如果用鼠标右键点击平滑按钮，就会打开平滑参数设置对话框。

（5）扣除背景：背景是由于样品荧光等多种因素引起的，在有些处理前需要作背景扣除，单击"BG"一次，显示一条背景线，如果需要调整背景线的位置，可以用手动工具栏中的"BE"按钮来调整背景线的位置，调整好以后，再次单击"BG"按钮，背景线以下的面积将被扣除。

（6）物相检索：鼠标单击此按钮，开始检索样品中的物相，一般鼠标右键单击此按钮，出现一个对话框，可对检索参数进行设置。

（7）查找 PDF 卡片：操作方法与 S/M 相似，只是不对图谱进行比较，而是显示满足检索条件的全部物相列表。

（8）计算峰面积：选择计算峰面积的按钮，然后在峰的下面选择适当背景位置画一横线，所画横线和峰曲线所组成的部分的面积被显示出来，这一功能同时显示了峰位、峰高、半高宽和晶粒尺寸等数据。画峰时，注意要适当选择好背景位置，一般以两边与背景线能平滑相接为宜。

（9）删除峰：在设备用久了以后，或者因为偶然的原因，在图谱中会出现异常的很窄的峰，它们根本不是样品的峰，需要删除掉，此时可以用删除峰的功能，选择该按钮后，在峰下的背景线位置画线，峰被删除。为了科学研究的严肃性，请不要随意使用此功能。

（10）手动拟合：有选择性地拟合一个或选定的几个峰，其他未被选定的峰不作处理。单击此按钮，在需要拟合的峰上单击，作出选定，依次选定所有需要拟合的峰后，再次单击此按钮，开始拟合。如果要取消一个峰的拟合，在该峰上用鼠标右键单击。

在放大窗口右下角有一组竖列的按钮，它们的作用如图 3-1-9 所示。

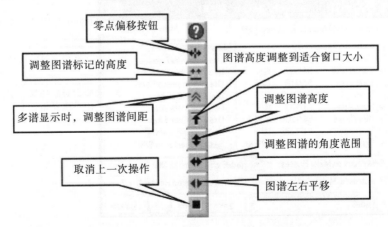

图 3-1-9　Jade 软件中的图谱操作按钮

要注意，在 Jade 软件中，鼠标左键和右键的功能是不同的，左键一般指按先前已设置好的条件执行某种操作，右键则打开一个对话框，进行条件设置，然后再执行操作。但是，在这里，左键和右键的功能是相反的功能。

在寻峰或物相检索完成后，在屏幕的右下角有一横排按钮，它们的主要功能如图 3-1-10 所示。

图 3-1-10　Jade 软件中的图谱信息获取按钮

### 3. 物相检索

物相检索也就是"物相定性分析"。它的基本原理是基于以下三条原则：①任何一种物相都有其特征的衍射谱；②任何两种物相的衍射谱不可能完全相同；③多相样品的衍射峰是各物相的机械叠加。因此，通过实验测量或理论计算，建立一个"已知物相的卡片库"，将所测样品的图谱与 PDF 卡片库中的"标准卡片"一一对照，就能检索出样品中的全部物相。下面介绍 Jade 软件中物相检索的步骤：

1）第一轮检索：大海捞针

打开一个图谱，不作任何处理，鼠标右键点击"S/M"按钮，打开检索条件设置对话框（图 3-1-11），去掉"Use chemistry filter"选项的"√"号，同时选择多种 PDF 子库，检索对象选择为主相（S/M Focus on Major Phases）再点击"OK"按钮，进入"Search/Match Display"窗口（图 3-1-12）。

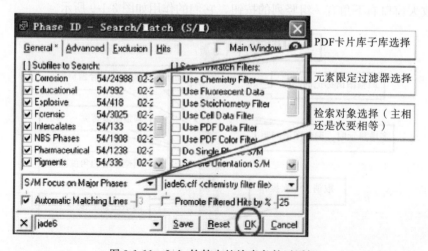

图 3-1-11　Jade 软件中的检索条件对话框

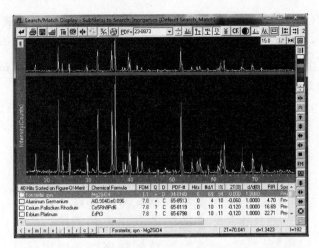

图 3-1-12　Jade 软件中的 Search/Match Display 窗口

　　"Search/Match Display"窗口分为三块，最上面是全谱显示窗口，可以观察全部PDF 卡片的衍射线与测量谱的匹配情况；中间是放大窗口，可观察局部匹配的细节，通过右边的按钮可调整放大窗口的显示范围和放大比例，以便观察得更加清楚。窗口的最下面是检索列表，从上至下列出最可能的 100 种物相，一般按"FOM"由小到大的顺序排列，FOM 是匹配率的倒数。数值越小，表示匹配性越高。在这个窗口中，鼠标所指的PDF 卡片行显示的标准谱线是蓝色，已选定物相的标准谱线为其他颜色，会自动更换颜色，以保证当前所指物相谱线的颜色一定为蓝色。在列表右边的按钮中，上下双向箭头用来调整标准线的高度，左右双向箭头则可调整标准线的左右位置，这个功能在固溶体合金的物相分析中很有用，因为固溶体的晶胞参数与标准卡片的谱线对比总有偏移（因为固溶原子的半径与溶质原子半径不同，造成晶格畸变）。物相检定完成，关闭这个窗口返回到主窗口中。使用这种方式，一般可检测出主要的物相。

　　2）第二轮检索：限定条件的检索

　　限定条件主要是限定样品中存在的"元素"或化学成分，在"Use chemistry filter"选项前加上"√"号，进入到一个元素周期表对话框。将样品中可能存在的元素全部输入，点击"OK"，返回到前一对话框界面，此时可选择检索对象为次要相或微量相（S/M Focus on Minor Phases 或 S/M Focus on Trace Phases）。其他的操作与第一轮检索的方法完全相同。此步骤一般能将剩余相都检索出来。如果检索尚未全部完成，即还有多余的衍射线未检定出相应的相来，可逐步减少元素个数，重复上面的步骤，或按某些元素的组合，尝试一些化合物的存在。如图 3-1-13，某样品中可能存在 Al、Sn、O、Ag 等元素，可尝试是否存在 Sn-O 化合物，此时元素限定为 Sn 和 O，暂时去掉其他元素。在化学元素选定时，有三种选择，即"不可能""可能"和"一定存在"。"不可能"就是不存在，也就是不选该元素。"可能"就是被检索的物相中可能存在该元素，也可以不存在该元素，如选择了三个元素"Li、Mn、O"三种元素都为"可能"，则在这三种元素的任意组合中去检索。"一定存在"表示了被检索的物相中一定存在该元素，如选定了"Fe"为

"一定存在"，而"O"为"可能"，则检索对象为"Fe"和铁的全部氧化物相。"可能"的标记为蓝色，"一定存在"的标记为绿色。有些情况下，虽然材料中不含非金属元素O、Cl等元素，但由于样品制备过程中可能被氧化或氯化，在多种尝试后尚不能确定物相的情况下，应当考虑加入这些元素，尝试金属盐、酸、碱的存在。

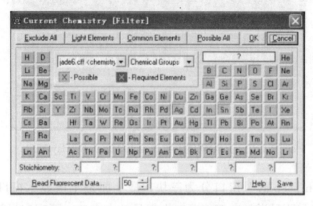

图 3-1-13　Jade 软件中的限定条件检索窗口

3）第三轮检索：单峰搜索

如果经过前两轮尚有不能检出的物相存在，也就是有个别的小峰未被检索出物相，那么，此时最有可能成功的就是单峰搜索。单峰搜索，即指定一个未被检索出的峰，在PDF 卡片库中搜索在此处出现衍射峰的物相列表，然后从列表中检出物相。方法如下：在主窗口中选择"计算峰面积"按钮，在峰下划出一条底线（图 3-1-14），该峰被指定，鼠标右键点击"S/M"，此时，检索对象变为灰色不可调（Jade 5 中显示为"Painted Peaks"）。此时，你可以限定元素或不限定元素，软件会列出在此峰位置出现衍射峰的标准卡片列表。

通过以上三轮搜索，99.9％的样品都能检索出全部物相。

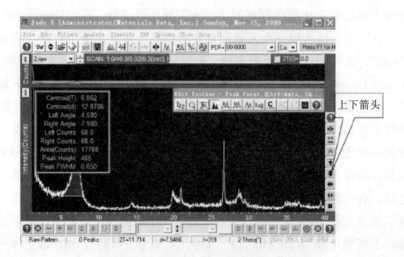

图 3-1-14　Jade 软件中的单峰搜索窗口

应当指出，正确地全面地检索物相不但需要熟练掌握 Jade 软件中物相检索的方法和技巧，更重要的是需要研究课题方面的专业知识。除此以外，还要不厌其烦地反复尝试各种可能。在物相检索不能完成时，应当先去查阅相关的文献。另外，虽然 PDF 卡片每年都有更新，目前已超过 140000 张卡片，但并不是每个物相都一定能从卡片库中找到。这时应当考虑是否有新的物相产生，或者是检索中存在错误的确认。

**4. PDF 卡片查找**

有时，我们的目的不是要从某样品中检索出物相，而是要查找某一张卡片。这就要用到光盘检索功能。

1）输入卡片号

如果知道卡片号，直接在"光盘"右边的文本栏中输入卡片号，如"31-785"，然后，按回车键，在全谱窗口和放大窗口的间隔条上有一个 PDF 卡片列表组合框，输入的卡片在下框中被加入（图 3-1-15）。点击卡片张数，可打开 PDF 卡片列表来查看。

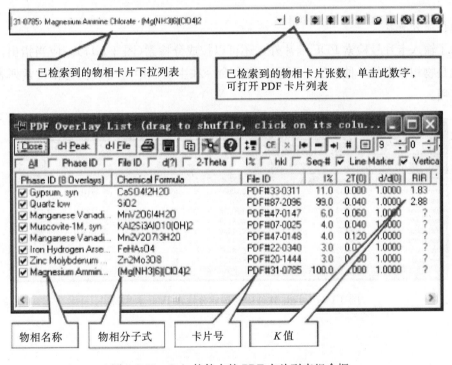

图 3-1-15  Jade 软件中的 PDF 卡片列表组合框

在物相卡片行上双击，打开一张 PDF 卡片显示（图 3-1-16）。

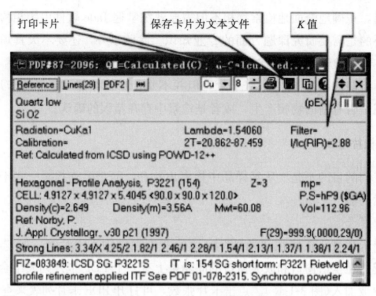

图 3-1-16　Jade 软件中的 PDF 卡片

2）按成分查找

除了输入卡片号检索 PDF 卡片外，还可以按成分检索（图 3-1-17）。应当指出，这种操作也是物相检索的一种方法。而且，这个命令在主窗口中可用，在物相检索列表窗口同样可用。

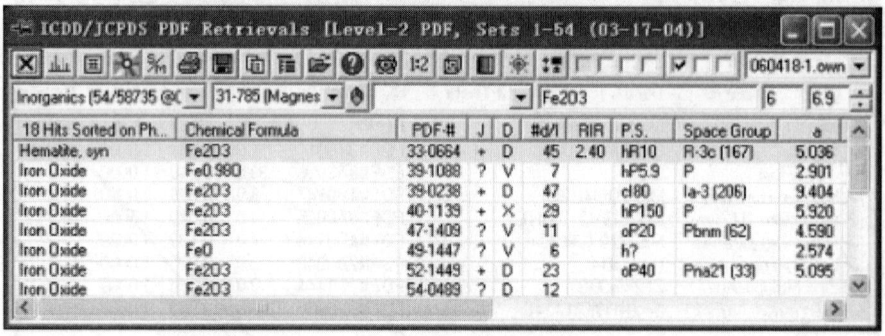

图 3-1-17　Jade 软件中的按成分检索 PDF 卡片窗口

# 3.2　扫描电子显微镜及能谱仪的认识与表征

## 3.2.1　实验目的

(1)了解扫描电子显微镜及能谱仪的结构和工作原理。

(2)熟悉扫描电镜的操作环境及对测试样品的要求。

(3)了解能谱分析中点分析、线分析和面分析的应用与要求。

(4)了解扫描电子显微镜及能谱仪在分析测试技术中的主要用途。

## 3.2.2　实验原理

### 1.　扫描电子显微镜

扫描电子显微镜是用聚焦电子束在试样表面逐点扫描成像。试样为块状或粉末颗粒，成像信号可以是二次电子、背散射电子或吸收电子等(图 3-2-1)。

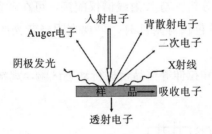

图 3-2-1　电子束与样品作用时产生的信号

二次电子是最主要的成像信号。由电子枪发射的能量为 5~35keV 的电子，以其交叉斑作为电子源，经二级聚光镜及物镜的缩小形成具有一定能量、一定束流强度和束斑直径的微细电子束，在扫描线圈驱动下，于试样表面按一定时间、空间顺序作栅网式扫描。聚焦电子束与试样相互作用，产生二次电子发射(以及其他物理信号)，二次电子发射量随试样表面形貌而变化。二次电子信号被探测器收集转换成电讯号，经视频放大后输入到显像管栅极，调制与入射电子束同步扫描的显像管亮度，得到反映试样表面形貌的二次电子像(图 3-2-2)。

1)扫描电镜的特点

(1)可以观察直径为 0~30mm 的大块试样(在半导体工业可以观察更大直径)，制样方法简单。

(2)场深大、三百倍于光学显微镜，适用于粗糙表面和断口的分析观察；图像富有立体感、真实感、易于识别和解释。

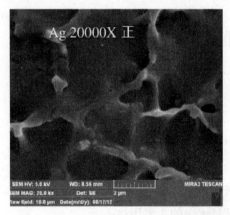

图 3-2-2  Ag 薄片的正面(左)和侧面(右)SEM 二次电子像

(3)放大倍数变化范围大，一般为 15～200000 倍，对于多相、多组成的非均匀材料便于低倍下的普查和高倍下的观察分析。

(4)具有相当高的分辨率，一般为 3.5～6nm。

(5)可以通过电子学方法有效地控制和改善图像的质量，如通过调制可改善图像反差的宽容度，使图像各部分亮暗适中。采用双放大倍数装置或图像选择器，可在荧光屏上同时观察不同放大倍数的图像或不同形式的图像。

(6)可进行多种功能的分析。与 X 射线谱仪配接，可在观察形貌的同时进行微区成分分析。配有光学显微镜和单色仪等附件时，可观察阴极荧光图像和进行阴极荧光光谱分析等。

(7)可使用加热、冷却和拉伸等样品台进行动态试验，观察在不同环境条件下的相变及形态变化等。

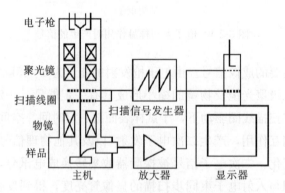

图 3-2-3  扫描电子显微镜的结构示意图

2)扫描电镜的主要结构

扫描电镜的主要结构由电子光学系统(镜筒)、偏转系统、信号检测放大系统、图像显示和记录系统、电源系统和真空系统等部分组成(图 3-2-3)。

(1)电子光学系统：由电子枪、聚光镜(第一、第二聚光镜和物镜)、物镜光阑、样品室等部件组成。作用是获得扫描电子束，作为使样品产生各种物理信号的激发源。

（2）偏转系统：由扫描信号发生器、扫描放大控制器、扫描偏转线圈组成。使电子束产生横向偏转，包括用于形成光栅状扫描的扫描系统，以及使样品上的电子束间断性消隐或截断的偏转系统。偏转系统可以采用横向静电场，也可采用横向磁场。

（3）信号探测放大系统：收集（探测）样品在入射电子束作用下产生的各种物理信号，并进行放大。探测二次电子、背散射电子等电子信号。不同的物理信号，要用不同类型的收集系统。

（4）图像显示和记录系统：将信号检测放大系统输出的调制信号转换为能显示在阴极射线管荧光屏上的图像，供观察或记录。早期 SEM 采用显像管、照相机等。数字式 SEM 采用电脑系统进行图像显示和记录管理。

（5）电源系统：由稳压、稳流及相应的安全保护电路组成，为扫描电子显微镜各部分提供所需的电源。

（6）真空系统：真空度高于 $10^{-4}$ Torr。常用：机械真空泵、扩散泵、涡轮分子泵。确保电子光学系统正常工作、防止样品污染、保证灯丝的工作寿命等。

**2. 能谱仪**

能谱仪是通过探测样品被入射信号激发而发射出的特征 X 射线来判定样品的微区元素，图 3-2-4 是能谱仪的结构示意图。

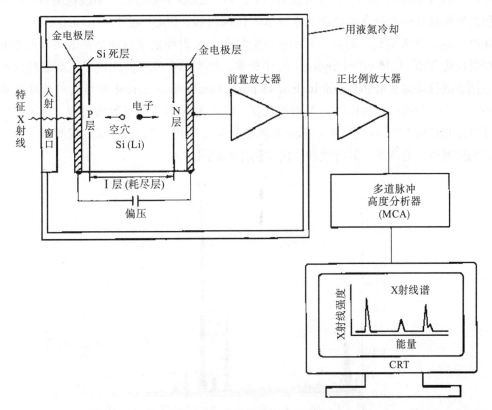

图 3-2-4　能谱仪的结构示意图

X 射线能量色散谱分析方法是电子显微技术最基本和一直使用的具有成分分析功能的方法，通常称为 X 射线能谱分析法，简称 EDS 或 EDX 方法。它是分析电子显微方法中最基本、最可靠和最重要的分析方法，所以一直被广泛使用。

1)特征 X 射线的产生

特征 X 射线的产生是入射电子使内层电子激发而发生的现象。即内壳层电子被轰击后跃迁比费米能高的能级上，电子轨道内出现的空位被外壳层轨道的电子填入时，作为多余的能量放出，就是特征 X 射线。高能级的电子落入空位时，要遵从所谓的选择规则(selection rule)，只允许满足轨道量子数 l 的变化 l＝±1 的特定跃迁。特征 X 射线具有元素固有的能量。所以，将它们展开成能谱后，根据它的能量值就可以确定元素的种类，根据谱的强度分析就可以确定其含量。另外，从空位在内壳层形成的激发状态变到基态的过程中，除产生 X 射线外，还放出俄歇电子。一般来说，随着原子序数增加，X 射线产生的概率(荧光产额)增大，但是，与它相伴的俄歇电子的产生概率却减小。因此，在分析试样中的微量杂质元素时，EDS 对重元素的分析特别有效。

2)X 射线探测器的种类和原理

对于试样产生的特征 X 射线，有两种展成谱的方法：X 射线能量色散谱方法 EDS(energy dispersive X-ray spectroscopy)和 X 射线波长色散谱方法 WDS(wavelength dispersive X-ray spectroscopy)。在分析电子显微镜中均采用探测率高的 EDS(图 3-2-5)。从试样产生的 X 射线通过测角台进入探测器中。对于 EDS 中使用的 X 射线探测器，一般都是用高纯单晶硅中掺杂有微量锂的半导体固体探测器。SSD(solid state detector)是一种固体电离室，当 X 射线入射时，室中就产生与这个 X 射线能量成比例的电荷。这个电荷在场效应管 TEF(field effect transistor)中聚集，产生一个波峰值比例于电荷量的脉冲电压。用多道脉冲高度分析器(multichannel pulse height analyzer)来测量它的波峰值和脉冲数。这样，就可以得到横轴为 X 射线能量，纵轴为 X 射线光子数的谱图。为了使硅中的锂稳定和降低 FET 的热噪声，平时和测量时都必须用液氮冷却 EDS 探测器。保护探测器的探测窗口有两类，其特性和使用方法各不相同。

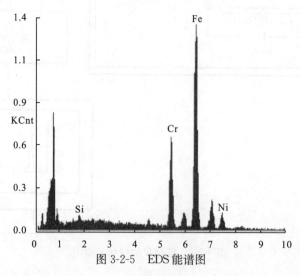

图 3-2-5　EDS 能谱图

3）EDS 分析技术

（1）定性分析。

谱图中的谱峰代表的是样品中存在的元素。定性分析是分析未知样品的第一步，即鉴别所含的元素。如果不能正确地鉴别样品的元素组成，最后定量分析的精度就毫无意义。通常能够可靠地鉴别出一个样品的主要成分，但对于确定次要或微量元素，只有认真地处理谱线干扰，失真和每个元素的谱线系等问题，才能做到准确无误。为保证定性分析的可靠性，采谱时必须注意两条：①采谱前要对能谱仪的能量刻度进行校正，使仪器的零点和增益值落在正确值范围内；②选择合适的工作条件，以获得一个能量分辨率好，被分析元素的谱峰有足够计数，无杂峰和杂散辐射干扰或干扰最小的 EDS 谱。

定性分析分为两种：

①自动定性分析。自动定性分析是根据能量位置来确定峰位，直接单击“操作/定性分析”按钮，即可实现自动定性分析，在谱的每个峰的位置显示出相应的元素符号。

②手动定性分析。自动定性分析优点是识别速度快，但由于能谱谱峰重叠干扰严重，自动识别极易出错，比如把某元素的 L 系误识别为另一元素的 K 系，这是它的缺点。为此分析者在仪器自动定性分析过程结束后，还必须对识别错了的元素用手动定性分析进行修正。所以对分析者来说，具有一定的手动定性分析技术是必不可少的。

（2）定量分析。

定量分析是通过 X 射线强度来获取组成样品材料的各种元素的浓度。根据实际情况，人们寻求并提出了测量未知样品和标样的强度比方法，再把强度比经过定量修正换算成浓度比。最广泛使用的一种定量修正技术是 ZAF 修正。本软件中提供了两种定量分析方法：无标样定量分析法和有标样定量分析法。

4）元素的分析方法

（1）点分析：电子束只打到试样上一点，得到这一点的 X 射线谱的分析方法是点分析方法，其谱图如图 3-2-6 所示。该方法准确度高，可用于显微结构的成分分析，对低含量元素定量的试样，只能用点分析。

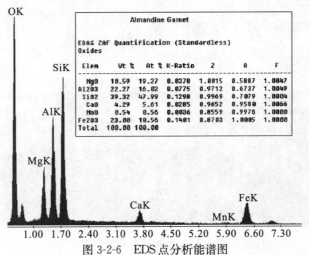

图 3-2-6　EDS 点分析能谱图

(2)线分析：电子束沿一条线扫描时，获得元素含量变化的线分布曲线的分析方法是线分析方法，其谱图如图 3-2-7 所示。线扫描结果和试样形貌像对照分析，能够直观地获得元素在不同相或区域内的分布。

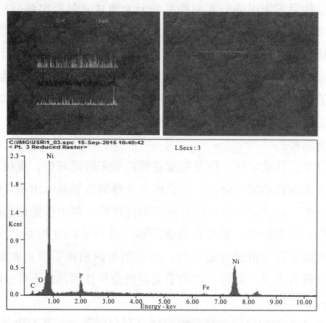

图 3-2-7    EDS 线分析能谱图

(3)面分析：用扫描像观察装置，使电子束在试样上做二维扫描，测量特征 X 射线的强度，使与这个强度对应的亮度变化与扫描信号同步在阴极射线管 CRT 上显示出来，就得到特征 X 射线强度的二维分布的像。这种观察方法称为元素的面分布分析方法，它是一种测量元素二维分布非常方便的方法。其谱图如图 3-2-8 所示。

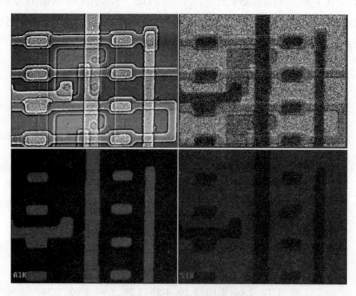

图 3-2-8    EDS 面分析能谱图

电子束在试样表面扫描时，元素在试样表面的分布能在屏幕上以亮点（或彩色）分布显示出来（定性分析），亮度越亮，说明元素含量越高。研究材料中杂质、相的分布和元素偏析常用此方法。面分布常常与形貌对照分析。

## 3.2.3  仪器与试剂

扫描电子显微镜、能谱仪、离子溅射仪、导电双面胶、镊子、剪刀等。

## 3.2.4  实验步骤

### 1. 样品制备

（1）对试样的要求。试样可以是块状或粉末颗粒，在真空中能保持稳定，含有水分的试样应先烘干除去水分，或使用临界点干燥设备进行处理。表面受到污染的试样，要在不破坏试样表面结构的前提下进行适当清洗，然后烘干。新断开的断口或断面，一般不需要进行处理，以免破坏断口或表面的结构状态。有些试样的表面、断口需要进行适当的侵蚀，才能暴露某些结构细节，在侵蚀后应将表面或断口清洗干净，然后烘干。对磁性试样要预先去磁，以免观察时电子束受到磁场的影响。试样大小要适合仪器专用样品座的尺寸，不能过大，样品座尺寸各仪器不均相同，一般小的样品座为 $\Phi 3 \sim 5mm$，大的样品座为 $\Phi 30 \sim 50mm$，以分别用来放置不同大小的试样，样品的高度也有一定的限制，一般在 $5 \sim 10mm$。

（2）块状试样的制备。扫描电镜的块状试样制备比较简便。对于块状导电材料，除了大小要适合仪器样品座尺寸外，基本上不需进行什么制备，用导电胶把试样黏结在样品座上，即可放在扫描电镜中观察。对于块状的非导电或导电性较差的材料，要先进行镀膜处理，在材料表面形成一层导电膜。以避免电荷积累，影响图像质量。并可防止试样的热损伤。

（3）粉末试样的制备。先将导电胶或双面胶纸黏结在样品座上，再均匀地把粉末样撒在上面，用吸耳球吹去未粘住的粉末，再镀上一层导电膜，即可上电镜观察。

（4）镀膜。镀膜的方法有两种，真空镀膜和离子溅射镀膜。离子溅射镀膜的原理是：在低气压系统中，气体分子在相隔一定距离的阳极和阴极之间的强电场作用下电离成正离子和电子，正离子飞向阴极，电子飞向阳极，二电极间形成辉光放电，在辉光放电过程中，具有一定动量的正离子撞击阴极，使阴极表面的原子被逐出，称为溅射，如果阴极表面为用来镀膜的材料（靶材），需要镀膜的样品放在作为阳极的样品台上，则被正离子轰击而溅射出来的靶材原子沉积在试样上，形成一定厚度的镀膜层。离子溅射时常用的气体为惰性气体氩，要求不高时，也可以用空气，气压约为 $5 \times 10^{-2} Torr$。

离子溅射镀膜与真空镀膜相比，其主要优点是：①装置结构简单，使用方便，溅射一次只需几分钟，而真空镀膜则要半个小时以上。②消耗贵金属少，每次仅约几毫克。③对同一种镀膜材料，离子溅射镀膜质量更好，能形成颗粒更细、更致密、更均匀、附着力更强的膜。

**2. 样品测试**

1)扫描电镜部分

(1)根据实验要求将样品在样品托上装好，打开扫描电子显微镜样品室，将样品托安装在样品座上。

(2)关好样品室，并对样品室抽真空。

(3)真空抽好以后，通过软件界面给灯丝加高压，进行样品观察。

(4)进行二次电子图像的观察(二次电子图像能够表征材料最表面的形貌特征)或背散射电子图像的观察(背散射电子图像能够表征试样表面的成分和形貌信息)。

2)能谱仪部分

(1)在扫描电镜工作模式下，打开能谱仪，进入操作界面进行能谱实验。

(2)选择合适的工作参数，接收 SEM 照片；先对所选区域作全谱分析，再选区，对需要的区域作点、线、面成分分析。

(3)实验结束后，关闭能谱仪，关闭灯丝电压，然后对样品室放气。

(4)最后取出样品，仪器回复到初始状态。

**3. 数据处理**

扫描电子显微镜主要是获取样品放大后的图像信息，测试结果为获得样品的放大图像，因而可以使用各种图像编辑软件对图像进行后续处理。能谱图的数据则可用 Origin 等软件进行处理。

## 3.2.5　实验注意事项

(1)样品制备时，尽可能使样品的表面结构保存好，没有变形和污染，样品干燥并且有良好导电性能。

(2)测试前检查确认设备各部件完好，连接安全(注意接地)。

(3)实验时应确保实验室内空调和除湿机的开启，保持室内温度在 17~25℃、湿度为<65％RH。

(4)在实验过程中禁止用手去触摸高压电源线，防止触电。

(5)如果仪器出现可自行解决的问题或者需要日常维护，首先应切断所有电源才可进行。

(6)测试过程中，抽、放气完成时，应等两三分钟再进行下步操作，避免烧灯丝。

(7)测试完毕后，取出样品，抽真空，不关闭扫描电镜电脑、空调和除湿机。

## 3.2.6  思考题

(1)试比较光学显微镜及电子显微镜的功能特性差异。

(2)扫描电子显微镜观察材料的表面形貌时,其主要成像信号有哪几种?

(3)扫描电子显微镜对样品制备有何要求?

(4)简要说明能谱仪的工作原理。

(5)能谱仪在材料科学中的应用主要有哪些?

# 3.3　原子力显微镜技术及应用

## 3.3.1　实验目的

(1)学习和了解 AFM 的结构、原理以及 AFM 的应用范围。

(2)学习用计算机软件来处理原始数据图像。

(3)掌握 AFM 的操作和调试过程，并用来观察样品表面的形貌。

## 3.3.2　实验原理

原子力显微镜(atomic force microscope，AFM)是一种纳米级高分辨的扫描探针显微镜(scanning probe microscope，SPM)，于 1986 年由美国 IBM 公司的 Gend Binnig 和斯坦福大学的 Quate 研发出来，利用样品表面与探针之间存在的相互作用力成像，因而它弥补了扫描隧道显微镜要求样品必须导电的缺点，同时也不会对样品有所损伤，故原子力显微镜可以用于导体、半导体、绝缘体的探测，能在大气、真空、液体、电化学体系、常温、高温、低温等各种环境下进行工作，同样能得到高分辨率的表面形貌图像。原子力显微镜不仅可以获得材料表面的原子或电子结构，还能观察到表面局部结构的缺陷，以及吸附在表面的生长、扩散等动态过程。同时，通过力－距离曲线可以分析出黏弹性、压弹性、硬度等物理属性，若样品为有机物或生物分子还能得到物质的拉伸弹性、聚集状态或者空间构象等物理化学属性。原子力显微镜在表面科学、材料科学和生命科学等领域中都有着广阔的应用前景。

### 1. AFM 基本原理

AFM 的工作原理就是将探针装在一弹性微悬臂的一端，微悬臂的另一端固定，当探针在样品表面扫描时，探针与样品表面原子间的排斥力会使得微悬臂轻微变形，这样，微悬臂的轻微变形就可以作为探针和样品间排斥力的直接量度。一束激光经微悬臂的背面反射到光电检测器，可以精确测量微悬臂的微小变形，这样就实现了通过检测样品与探针之间的原子排斥力来反映样品表面形貌和其他表面结构。

在原子力显微镜的系统中，可分成三个部分：力检测部分、位置检测部分和反馈系统(图 3-3-1)。

(1)力检测部分。在原子力显微镜系统中，所要检测的力是原子与原子之间的范德华力。使用微悬臂来检测原子之间力的变化量。微悬臂通常由一个长 $100 \sim 500 \mu m$ 和厚 $500nm \sim 5\mu m$ 的硅片或氮化硅片制成。微悬臂顶端有一个尖锐针尖，用来检测样品－针尖间的相互作用力。

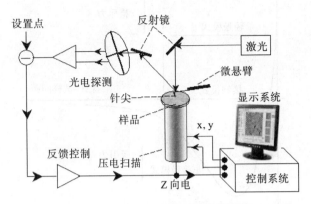

图 3-3-1　原子力显微镜的工作原理图

（2）位置检测部分。在原子力显微镜系统中，当针尖与样品之间有了作用之后，会使悬臂摆动，所以当激光照射在微悬臂的末端时，其反射光的位置也会因为悬臂摆动而有所改变，这就造成偏移量的产生。在整个系统中是依靠激光光斑位置检测器将偏移量记录下并转换成电的信号，以供 SPM 控制器作信号处理。聚焦到微悬臂上的激光反射到激光位置检测器，通过对落在检测器四个象限的光强进行计算，可以得到由表面形貌引起的微悬臂形变量大小，从而得到样品表面的不同信息。

（3）反馈系统。在原子力显微镜系统中，将信号经由激光检测器取入之后，在反馈系统中会将此信号当作反馈信号，作为内部的调整信号，并驱使通常由压电陶瓷制作的扫描器做适当的移动，以保持样品与针尖保持一定的作用力。

### 2. AFM 的操作模式

AFM 有三种不同的工作模式：接触模式（contact mode）、非接触模式（noncontact mode）和共振模式或轻敲模式（tapping mode）。主要区别在于针尖与试样之间相互作用方式不同；因而，不同的操作模式所获得的信息有重大差异，使用的应用场合也有所不同。用于成像模式的主要是接触模式和轻敲模式，它们都有一个针尖对样品表面的扫描过程。此外，非接触扫描成像也是一种操作模式，研究人员可根据样品的材料类别和欲探测的信息内容，例如材料的形貌、成分组成、聚集态结构、纳米结构以及物理和力学性质等，确定合适的操作模式。

各种操作模式在针尖-试样力曲线中所处的范围如图 3-3-2 所示，可以看到，接触模式工作在推斥力区域，非接触模式工作在吸引力区域，而轻敲模式则工作在包含上述两个区域在内的更大范围。

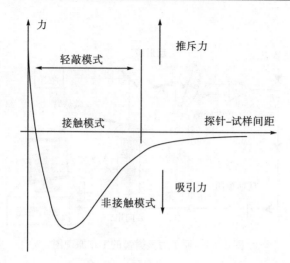

图 3-3-2　各种操作模式在针尖－试样力曲线中所处的范围

1)接触模式

从概念上来理解，接触模式是 AFM 最直接的成像模式。AFM 在整个扫描成像过程中，探针针尖始终与样品表面保持亲密的接触，而相互作用力是排斥力。扫描时，悬臂施加在针尖上的力有可能破坏试样的表面结构，因此力的大小范围在 $10^{-10} \sim 10^{-6}$ N。若样品表面柔嫩而不能承受这样的力，便不宜选用接触模式对样品表面进行成像。

2)轻敲模式

在敲击模式中，一种恒定的驱使力使探针悬臂以一定的频率振动。当针尖刚接触样品时，悬臂振幅会减少到某一数值。在扫描过程中，反馈回路维持悬臂振幅在这一数值恒定，亦即作用在样品上的力恒定，通过记录压电陶瓷管的移动得到样品表面形貌图。对于接触模式，由于探针和样品间的相互作用力会引起微悬臂发生形变，也就是说微悬臂的形变作为样品和针尖相互作用力的直接度量(图 3-3-3)。同上述轻敲式，反馈系统保持针尖－样品作用力恒定从而得到表面形貌图。

原子力显微镜是用微小探针"摸索"样品表面来获得信息，所以测得的图像是样品最表面的形貌，而没有深度信息。扫描过程中，探针在选定区域沿着样品表面逐行扫描。

实验扫描的是光栅、纳米铜微粒以及纳米微粒，选用的是轻敲式。

轻敲模式优点：敲击模式在一定程度上减小样品对针尖的黏滞现象，因为针尖与样品表面接触时，利用其振幅来克服针尖－样品间的黏附力。并且由于敲击模式作用力是垂直的，表面材料受横向摩擦力和剪切力的影响都比较小，减小扫描过程中针尖对样品的损坏。所以对于较软以及黏性较大的样品，应选用敲击模式。

图 3-3-3　接触模式和轻敲模式作用力简图

3)非接触模式

非接触模式探测试样表面时悬臂在距离试样表面上方 5~10 nm 的距离处振荡。这时，样品与针尖之间的相互作用由范德华力控制，通常为 10~12 N，样品不会被破坏，而且针尖也不会被污染，特别适合于研究柔嫩物体的表面。这种操作模式的不利之处在于要在室温大气环境下实现这种模式十分困难。因为样品表面不可避免地会积聚薄薄的一层水，它会在样品与针尖之间搭起一小小的毛细桥，将针尖与表面吸在一起，从而增加尖端对表面的压力。

## 3.3.3　仪器与试剂

仪器：Agilent550 型原子力显微镜。

试剂：铜微粒，纳米微粒，云母片，光盘。

## 3.3.4　实验步骤

### 1.　实验前准备

1)样品制备

(1)铜微粒样品制备。把之前实验制备得到的铜微粒纳米材料分散到溶剂中，比较稀的状态下，然后涂于解离后的云母片上，自然晾干。

(2)纳米微粒制备。把纳米微粒材料分散到溶剂中，比较稀的状态下，然后涂于解离后的云母片上，自然晾干。

(3)光盘光栅制备。对于光盘光栅的样品获取，采用胶纸法。先把两面胶纸粘贴在样品光盘上，再贴上样品座，再将样品座抠下来，保证表面的光滑和无杂质。

2)调光和寻共振峰

(1)粗调探测头部上方两个旋钮，让激光光斑大约打在基座上。

(2)调探测头部上方某个旋钮，让光斑打在悬臂范围内。再调节另一端旋钮，同方向移动看四象限接收器上是否有 3 个亮斑。通常选择中间亮斑进行调节。另外调节光斑使其移动到悬臂尖端，然后回调两旋钮使得亮斑最为光亮圆润。

(3)调节探测头部侧面两个旋钮，通过软件调节使光斑基本打在四象限接收器中间。

(4)将"自动扫描"和"起振"选项勾上，进行扫频操作。

(5)寻峰的目的主要是选择可以使悬臂达到共振状态的激振频率，使悬臂达到共振状态来实现扫描。

### 2.　实验中测量过程

(1)依次开启：电脑→控制机箱→高压电源→激光器。

（2）用粗调旋钮将样品逼近微探针至两者间距＜1 mm。

（3）再用细调旋钮使样品逼近微探针：顺时针旋细调旋钮，直至光斑突然向 PSD 移动。并且保证偏斜和误差值在±0.2 以内。

（4）缓慢地逆时针调节细调旋钮并观察机箱上反馈读数：Z 反馈信号约稳定在−250～−150（不单调增减即可），就可以开始扫描样品。

（5）读数基本稳定后，打开扫描软件，开始扫描。

（6）扫描完毕后，逆时针转动细调旋钮退样品，细调要退到底。再逆时针转动粗调旋钮退样品，直至下方平台伸出 1cm 左右。

（7）实验完毕，依次关闭：激光器→高压电源→控制机箱。

（8）保存并处理图像，得到尺寸。

## 3.3.5　实验案例

### 1. 铜微粒的表面形貌

铜微粒的表面形貌如图 3-3-4 所示，其 3D 形貌如图 3-3-5 所示。测量结果如下：

铜微粒大小：小颗粒半径 $r=6$nm；颗粒堆半径 $R=11$nm。

扫描范围：$X$ 为 10003 nm；$Y$ 为 10003nm。

图像大小：$X$ 为 238 pixel；$Y$ 为 238 pixel。

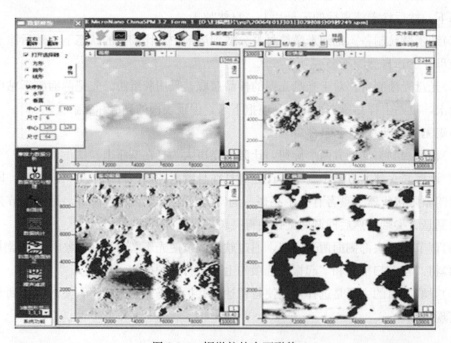

图 3-3-4　铜微粒的表面形貌

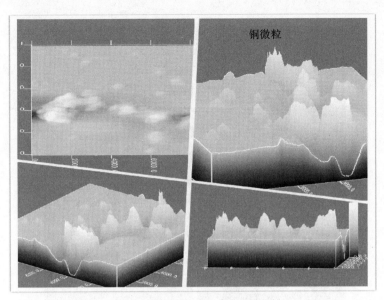

图 3-3-5 铜微粒的 3D 形貌

## 2. 纳米微粒的表面形貌

纳米微粒的表面形貌如图 3-3-6 所示，其 3D 形貌如图 3-3-7 所示。测量结果如下：

纳米微粒大小：纳米微粒半径 $r=7$nm。

扫描范围：$X$ 为 10003 nm；$Y$ 为 10003nm。

图像大小：$X$ 为 238 pixel；$Y$ 为 238 pixel。

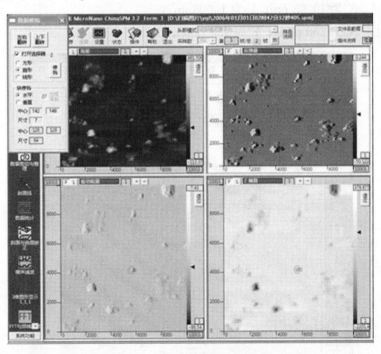

图 3-3-6 纳米微粒的表面形貌

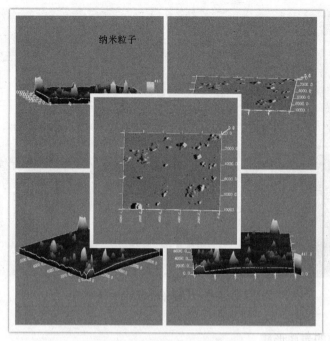

图 3-3-7　纳米微粒的 3D 形貌

### 3. 光盘光栅的表面形貌

光盘光栅的表面形貌如图 3-3-8 所示，其 3D 形貌如图 3-3-9 所示。测量结果如下：

光盘光栅大小：间距 $l=23\times2=46$nm。

扫描范围：$X$ 为 10003 nm；$Y$ 为 10003nm。

图像大小：$X$ 为 238 pixel；$Y$ 为 238 pixel。

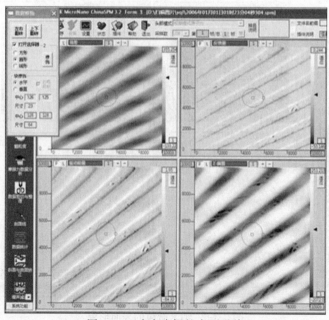

图 3-3-8　光盘光栅的表面形貌

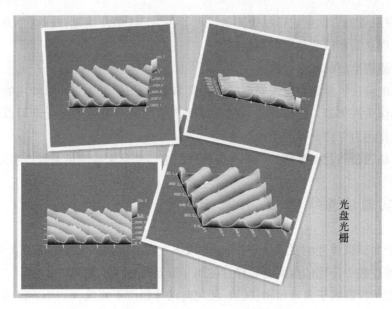

图 3-3-9　光盘光栅的 3D 形貌

## 3.3.6　实验问题与分析

(1)AFM 探测到的原子力由哪两种主要成分组成？

一种是吸引力即范德华力；另一种是电子云重叠而引起的排斥相互作用。

(2)怎样使用 AFM 才能较好地保护探针？

仔细调节接触距离，粗调时，不要让指针压迫样品，保持 1mm，扫描过程中保证探针不产生破坏性形变。

(3)原子力显微镜有哪些应用？

原子力显微镜可以用于研究金属和半导体的表面形貌、表面重构、表面电子态及动态过程，超导体表面结构和电子态层状材料中的电荷密度等。

另外原子力显微镜在摩擦学中有许多应用，如纳米摩擦、纳米润滑、纳米磨损、纳米摩擦化学反应和机电纳米表面加工等。

在生物上，原子显微镜可以用来研究生物宏观分子，甚至活的生物组织，观察细胞等。

(4)与传统的光学显微镜、电子显微镜相比，扫描探针显微镜的分辨本领主要受什么因素限制？

传统的光学显微镜和电子显微镜存在衍射极限，即只能分辨光波长或电子波长以上线度的结构。而扫描探针显微镜的分辨本领主要取决于：探针针尖的尺寸；微悬臂的弹性系数，弹性系数越低，AFM 越灵敏；悬臂的长度和激光光线的长度之比；探测器 PSD 对光斑位置的灵敏度。对于分辨率一定的图像，扫描范围越小，获得的表面形貌越精细。

(5)要对悬臂的弯曲量进行精确测量,除了在 AFM 中使用光杠杆这个方法外,还有哪些方法可以达到相同数量级的测量精度?

可采用隧道电流法和电容法:

①隧道电流法根据隧道电流对电极间距离非常敏感的原理,将 SIM 用的针尖置于微悬臂的背面作为探测器,通过针尖与微悬臂间产生的隧道电流的变化就可以检测由于原子间的相互作用力令微悬臂产生的形变。

②电容法通过测量微悬臂与一参考电极间的电容变化来检测微悬臂产生的形变。

## 3.3.7　实验注意事项

(1)原子力显微镜环境要求噪音在 60dB 以下,实验者进入实验室不得大声说话。

(2)实验过程中使用的探测器和探针使用完后及时放入干燥箱中。

(3)本实验仪器属于贵重精密仪器,使用时动作幅度不能太大,小心谨慎,未经指导教师同意,不得乱动其他任何硬件以及软件设置。

## 3.3.8　思考题

(1)光斑位置对实验结果有何影响?

(2)相对于扫描电镜,简述原子力显微镜的特点。

(3)探针的使用情况对实验结果有何影响?

# Pico image elements 7

本实验采用安捷伦公司配置的软件 Pico image elements 7,通过该软件可以得到很多图片中所包含的数据,通过数据分析实验结果。常用图片的处理如下:

(1)使用软件打开图片,打开软件点击"File→Load a studiable",结果如图 3-3-10 所示,图中 A Topography-trace,B Topography-retrace 图是探针分别从左向右扫描和从右向左扫描而记录下来的样品表面图像。C Amplitude-trace 图是振幅图,D Phase-trace 图是相图主要用于高分子材料的分析。通常使用 Operators 和 Studies 两项中的软件处理图像。

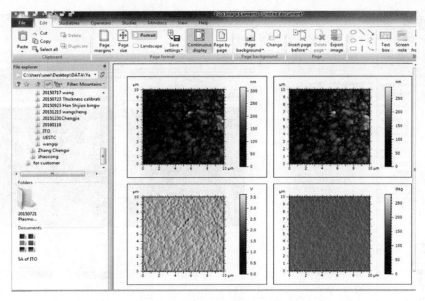

图 3-3-10　图片的打开操作

（2）通过拉平图像，降低人为或仪器给图片带来的误差。点击 Operators level line by line，操作如图 3-3-11 所示。

（3）二维图片的获取。可通过软件获取样品中高度分布状态，高度的最大值以及最小值，选择二维图像的颜色，亮度，标尺显示情况等。点击 Axes settings→Display the minimum and maximum values of the scale→OK，获取样品高度的最大值和最小值。点击 Color scale→Display histogram，通过图像可以看出样品高度的分布状态，例如图 3-3-12 所示样品的起伏高度在 50～150nm 的居多。点击 Export image 保存图片，图片命名以及选择图片储存位置。

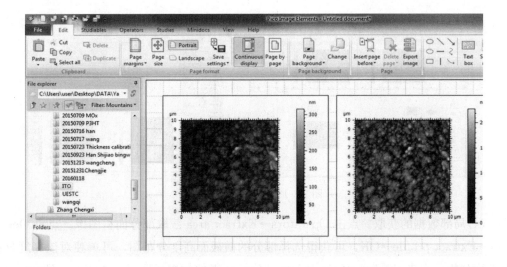

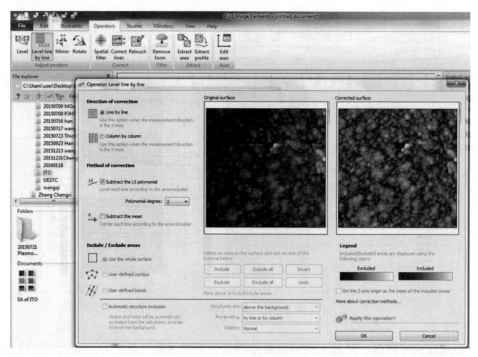

图 3-3-11　拉平图像操作

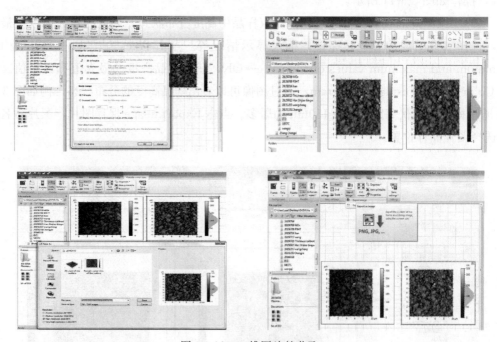

图 3-3-12　二维图片的获取

（4）局部数据的获取。点击 Operators→Extract area 截取部分面积图像。点击 Operators→Extract profile→OK，可获得选择部分的横截面高度分布图，可单独对该高度分布图进行分析，点击 Studies→Step height。分析获得的数据可通过点击 File→Export numerical results 保存数据（图 3-3-13）。

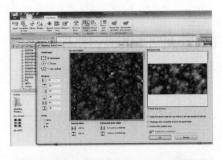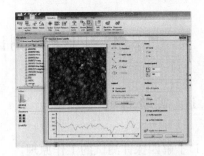
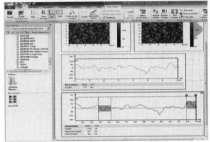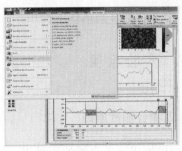

图 3-3-13　局部数据的获取

（5）3D 图像的获取。点击 Studies→3D view 便可得到如图 3-3-14 所示的三维图像，点击 3D view 中 Axes，Dimension block，Axes system，Amplification。可为 3D 图像加各种标尺，改变图像的横纵比等，通过移动鼠标可以随意改变图像的显示方向以及大小等。点击 Studies→Parameters table 可以获取图像的粗糙度等数据。结果如图 3-3-14 所示。

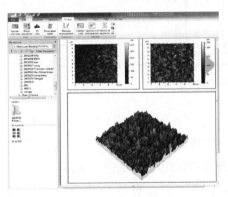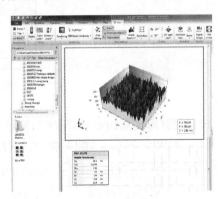

图 3-3-14　3D 图像的获取

# 3.4　四探针测试仪测量薄膜的电阻率

## 3.4.1　实验目的

(1)了解四探针测试的工作原理。
(2)掌握四探针测试仪的使用。

## 3.4.2　实验原理

### 1. 四探针测试原理

将四根排成一条直线的探针以一定的压力垂直地压在被测样品表面上，在 1、4 探针间通以电流 $I$(mA)，2、3 探针间就产生一定的电压 $V$(mV)(图 3-4-1)。测量此电压并根据测量方式和样品的尺寸不同，可分别按以下公式计算样品的电阻率、方块电阻、电阻：

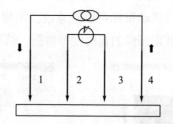

图 3-4-1　直线四探针法测试原理图

(1)薄膜(厚度≤4mm)电阻率的测量：

$$R = R_x \times F(D/S) \times F(W/S) \times F_{sp}$$

其中：$D$——样品直径，单位：cm 或 mm，注意与探针间距 $S$ 单位一致；

$S$——平均探针间距，单位：cm 或 mm，注意与样品直径 $D$ 单位一致(四探针头合格证上的 $S$ 值)；

$W$——样品厚度，单位：cm，在 $F(W/S)$ 中注意与 $S$ 单位一致；

$F_{sp}$——探针间距修正系数(四探针头合格证上的 $F$ 值)；

$F(D/S)$——样品直径修正因子，当 $D \rightarrow \infty$ 时，$F(D/S) = 4.532$，有限直径下的 $F(D/S)$ 由表 3-4-1 查出；

$F(W/S)$——样品厚度修正因子，$W/S < 0.4$ 时，$F(W/S) = 1$；$W/S > 0.4$ 时，$F(W/S)$ 值由表 3-4-2 查出；

$R$——源表测量电阻值，单位 Ω。

（2）薄膜方块电阻的测量：

$$\rho = R \times W = R_x \times F(D/S) \times F(W/S) \times F_{sp} \times W$$

其中：$D$——样品直径，单位：cm 或 mm，注意与探针间距 $S$ 单位一致；

　　　$S$——平均探针间距，单位：cm 或 mm，注意与样品直径 $D$ 单位一致（四探针头合格证上的 $S$ 值）；

　　　$W$——样品厚度，单位：cm，在 $F(W/S)$ 中注意与 $S$ 单位一致；

　　　$F_{sp}$——探针间距修正系数（四探针头合格证上的 $F$ 值）；

　　　$F(D/S)$——样品直径修正因子，当 $D \to \infty$ 时，$F(D/S) = 4.532$，有限直径下的 $F(D/S)$ 由表 3-4-1 查出；

　　　$F(W/S)$——样品厚度修正因子，$W/S < 0.4$ 时，$F(W/S) = 1$；$W/S > 0.4$ 时，$F(W/S)$ 值由表 3-4-2 查出；

　　　$R$——源表测量电阻值，单位 $\Omega$。

## 2. 电阻率的测量原理

在半无穷大样品上的点电流源，若样品的电阻率 $\rho$ 均匀，引入点电流源的探针其电流强度为 $I$，则所产生的电场具有球面的对称性，即等位面为一系列以点电流为中心的半球面，如图 3-4-2 所示。在以 $r$ 为半径的半球面上，电流密度 $j$ 均匀分布。

若 $E$ 为 $r$ 处的电场强度，则

$$E = j\rho = \frac{I\rho}{2\pi r^2}$$

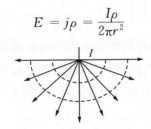

图 3-4-2　点电流源电场分布

由电场强度和电位梯度以及球面对称关系，则

$$E = \frac{\mathrm{d}\Psi}{\mathrm{d}r} \qquad \mathrm{d}\Psi = -E\mathrm{d}r = -\frac{I\rho}{2\pi r^2}\mathrm{d}r$$

取 $r$ 为无穷远处的电位为零，则

$$\int_0^{\Psi(r)} \mathrm{d}\Psi = \int_\infty^r -E\mathrm{d}r = \frac{-I\rho}{2\pi}\int_\infty^r \frac{\mathrm{d}r}{r^2}$$

$$\Psi(r) = \frac{\rho I}{2\pi r} \tag{3-4-1}$$

式（3-4-1）就是半无穷大均匀样品上离开点电流源距离为 $r$ 的点的电位与探针流过的电流和样品电阻率的关系式，它代表一个点电流源对距离 $r$ 处的点电势的贡献。

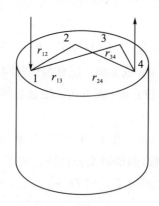

图 3-4-3　任意位置的四探

对图 3-4-3 所示的情形，四根探针位于样品中央，电流从探针 1 流入，从探针 4 流出，则可将 1 和 4 探针认为是点电流源，由式 (3-4-1) 可知，2 和 3 探针的电位为

$$\Psi_2 = \frac{I\rho}{2\pi}\left(\frac{1}{r_{12}} - \frac{1}{r_{24}}\right) \qquad \Psi_3 = \frac{I\rho}{2\pi}\left(\frac{1}{r_{13}} - \frac{1}{r_{34}}\right)$$

2、3 探针的电位差为

$$V_{23} = \Psi_2 - \Psi_3 = \frac{\rho I}{2\pi}\left(\frac{1}{r_{12}} - \frac{1}{r_{24}} - \frac{1}{r_{13}} + \frac{1}{r_{34}}\right)$$

此可得出样品的电阻率为

$$\rho = \frac{2\pi V_{23}}{I}\left(\frac{1}{r_{12}} - \frac{1}{r_{24}} - \frac{1}{r_{13}} + \frac{1}{r_{34}}\right) \tag{3-4-2}$$

式 (3-4-2) 就是利用直流四探针法测量电阻率的普遍公式。我们只需测出流过 1、4 探针的电流 $I$ 以及 2、3 探针间的电位差 $V_{23}$，代入四根探针的间距，就可以求出该样品的电阻率 $\rho$。实际测量中，最常用的是直线型四探针（图 3-4-4），即四根探针的针尖位于同一直线上，并且间距相等，设 $r_{12} = r_{23} = r_{34} = S$，则有

$$\rho = \frac{V_{23}}{I}2\pi S$$

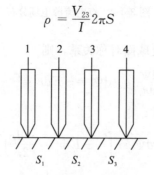

图 3-4-4　四探针法测量原理图

需要指出的是：这一公式是在半无限大样品的基础上导出的，实用中必须满足样品厚度及边缘与探针之间的最近距离大于四倍探针间距，这样才能使该式具有足够的精确度。如果被测样品不是半无穷大，而是厚度、横向尺寸一定，进一步的分析表明，在四

探针法中只要对公式引入适当的修正系数 $B_0$ 即可，此时

$$\rho = \frac{V_{23}}{IB_0} 2\pi S$$

另一种情况是极薄样品，极薄样品是指样品厚度 $d$ 比探针间距小很多，而横向尺寸为无穷大的样品，这时从探针 1 流入和从探针 4 流出的电流，其等位面近似为圆柱面高为 $d$。

任一等位面的半径设为 $r$，类似于上面对半无穷大样品的推导，很容易得出当 $r_{12} = r_{23} = r_{34} = S$ 时，极薄样品的电阻率为

$$\rho = \left( \frac{\pi}{\ln 2} D \frac{V_{23}}{I} = 4.5324 D \frac{V_{23}}{I} \right) \tag{3-4-3}$$

式(3-4-3)说明，对于极薄样品，在等间距探针情况下(图 3-4-5)，探针间距和测量结果无关，电阻率和被测样品的厚度 $D$ 成正比。

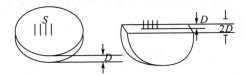

图 3-4-5　极薄样品，等间距探针情况

就本实验而言，当 1、2、3、4 四根金属探针排成一直线且以一定压力压在半导体材料上，在 1、4 两处探针间通过电流 $I$，则 2、3 探针间产生电位差 $V_{23}$。

材料电阻率：

$$\rho = \frac{V_{23}}{I} 2\pi S = \frac{V_{23}}{I} C \tag{3-4-4}$$

式中，$S$ 为相邻两探针 1 与 2、2 与 3、3 与 4 的间距，就本实验而言，$S = 1mm$，$C \approx 6.28 \pm 0.05mm$。

若电流取 $I = C$ 时，则 $\rho = V$，可由数字电压表直接读出。

### 3. 扩散层薄层电阻（方块电阻）的测量原理

半导体工艺中普遍采用四探针法测量扩散层的薄层电阻，由于反向 PN 结的隔离作用，扩散层下的衬底可视为绝缘层，对于扩散层厚度（即结深 $X_j$）远小于探针间距 $S$，而横向尺寸无限大的样品，则薄层电阻率为

$$\rho = \frac{2\pi S}{B_0} \times \frac{V}{I}$$

实际工作中，我们直接测量扩散层的薄层电阻，又称方块电阻，其定义就是表面为正方形的半导体薄层，在电流方向所呈现的电阻，如图 3-4-6 所示。

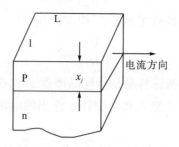

图 3-4-6　电流方向所呈现的电阻

所以：

$$R_S = \rho \frac{I}{I \cdot X_j} = \frac{\rho}{X_j}$$

$$R_S = \frac{\rho}{X_j} = 4.5324 \frac{V_{23}}{I}$$

因实际的扩散片尺寸一般不是很大，并且实际的扩散片又有单面扩散与双面扩散之分，因此，需要进行修正，修正后的公式为

$$R_S = B_0 \frac{V_{23}}{I}$$

## 3.4.3　仪器与试剂

数字式四探针测试仪是运用四探针测量原理的多用途综合测量设备。如图 3-4-7 所示的是一种常见的四探针测试仪，该仪器按照单晶硅物理测试方法国家标准并参考美国 A. S. T. M 标准而设计，是用于测试半导体材料电阻率及方块电阻（薄层电阻）的专用仪器。

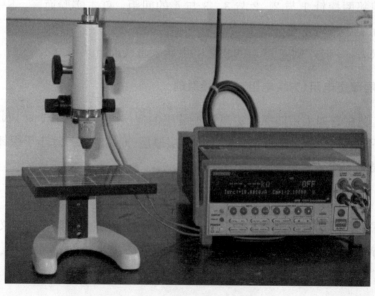

图 3-4-7　四探针测试仪实物图

　　仪器由主机、测试台、四探针探头、计算机等部分组成，测量数据既可由主机直接显示，亦可由计算机控制测试采集测试数据到计算机中加以分析，然后以表格、图形方式显示测试结果。仪器采用了最新电子技术进行设计、装配。具有功能选择直观、测量取数快、精度高、测量范围宽、稳定性好、结构紧凑、易操作等特点。

　　测试结果由液晶显示器显示，同时，液晶显示器还显示测量类型（电阻率、方块电阻和电阻）以及探头修正系数。

　　主机由开关电源、DC/DC变换器、高灵敏度电压测量部分、高稳定度恒流源和微电脑控制系统组成。由于采用大规模集成电路，所以仪器可靠性高，测量稳定性好。

　　仪器主体部分由单片计算机，液晶显示器，键盘，高灵敏度、高输入阻抗的放大器，双积分式A/D变换器，恒流源，开关电源，DC-DC变换隔离电源，电动、手动或手持式四探针测试架（头）等组成。

　　四探针测试架有电动、手动、手持三种可以选配，另外还配有四个夹子的四线输入插头用来作为测量线状或片状电阻的中、低阻阻值。

　　测试探头采用宝石导向轴套和高硬度钢针，定位准确，游移率小，使用寿命长。仪器适用于半导体材料厂、半导体器件厂、科研单位、高等院校对半导体材料电阻性能的测试。

　　本仪器工作条件为：

　　温度：23℃±3℃

　　相对湿度：50%～70%

　　工作室内应无强磁场干扰，不与高频设备共用电源。

　　技术参数：

**1. 测量范围**

(1)电阻率：　　　$10^{-4}\sim10^{5}\Omega-cm$。

(2)方块电阻：　　$10^{-4}\sim10^{5}\Omega/\square$。

(3)电阻：　　　　$10^{-4}\sim10^{5}\Omega$。

**2. 可测半导体材尺寸**

(1)直径：$\Phi15\sim100mm$。

(2)长(高)度：$\leqslant400mm$。

**3. 测量方位**

轴向、径向均可。

**4. 数字电压表**

(1)量程：20mV，200mV，2V。

(2)误差：±0.5％。

(3)输入阻抗：$>10^8 \Omega$。

(4)最大分辨率：$10 \mu V$。

(5)点阵液晶显示，过载显示。

**5. 恒流源**

(1)电流输出：共分 $10 \mu A$、$100 \mu A$、$1mA$、$10mA$、$100mA$ 五挡可通过按键选择，各挡均为定值不可调节，电阻率探头修正系数和扩散层方块电阻修正系数均由机内 CPU 运算后，直接显示修正后的结果。

(2)误差：±0.5％±2。

**6. 四探针测试头**

(1)探针间距：$1mm$。

(2)探针机械游移率：±1.0％。

(3)探针材料：碳化钨，$\Phi 0.5mm$。

(4)$0 \sim 2kg$ 可调，最大压力约 $2kg$。

**7. 电　源**

(1)交流电压：$220V \pm 10\%$。

(2)功耗：$<35W$。

本仪器可以选配电动测试架、手动测试架、手持测试头或四夹子电阻测量输入线。

(1)电动测试架。电动测试架是用步进电机驱动测试头升降，只要将被测工件放在测试平台中心位置，按一次启动按钮，测试头自动下降，直到针头和被测工件接触，探头将自动以慢速下降一段距离压紧探针使针与工件接触良好并等待测量，测量结束后，探头上行并恢复到原来位置。电动测试架的操作简便，探针对被测工件所施压力恒定，测量结果稳定，建议优先选配。

(2)手动测试架。其结构简单不用电源，只要操作熟练，测量精度和稳定性也很好。

(3)手持式四探针测试头。使用灵活可以对任意形状的半导体材料进行测试，而且脱离了测试架尺寸的限制，可以对大尺寸单晶硅柱的任意部位进行单点或多点测试，但由于探针对被测材料的压力由手感控制，因此，测量时必须将探头持稳压紧，保证探针和被测工件接触良好。

(4)带夹四线测试头，它是必配件，可以用四线法测量低阻值电阻。

## 3.4.4　实验步骤

本仪器适配三种测试架(电动、手动、手持测试头)，还可使用带有四个夹子，四线法电阻测试输入插头，这四种输入插头虽然外形相同，使用同一个输入插座，但使用方法略有不同，以下将分别予以说明。

### 1. 主机

面板：面板左侧为液晶显示器，显示器的第一行显示测量结果，阻单位（$k\Omega$，$\Omega$，$m\Omega$）和测量方式的符号（"$-cm$"电阻率，"$-\square$"方块电阻，"$-$"电阻）。在正常测量时第二行将以较小的字号显示和第一行相同的数值，只有在超程时第一行显示四个横杠（$----$），第二行则显示一个正在使用的测量方式可以显示的最大数值，例如电阻率测量可以显示的最大值为 1256，方块电阻可以显示的最大值为 9060，电阻测量则可以显示的最大值为 1999（以上所示的值中小数点和单位均视测量当时所设量程而定，这里不作详述）。面板右侧为指示灯和键盘，第一行 5 个指示灯分别指示当前恒流源的工作状态，这 5 个指示灯在任何情况下只有灯亮，如左起第一个灯亮则代表目前恒流源正在可以输出 100mA 恒定电流的工作状态。从左到右的 5 个指示灯分别指示了恒流源的"100mA""10mA""1mA""100$\mu$A""10$\mu$A" 5 个工作状态。

第二行三个指示灯，自左至右指示了三个电压量程（2V，200mV，20mV）。第三行三个指示灯，自左至右为测量方式指示（电阻率，方块电阻，电阻）。指示灯下面为二行三列功能设置键，上面一行为左移键，第二行为右移键，左起第一列为恒流源设置键，第二列为测量方式设置键，第三列为电压量程设置键，最下面一个键为往复键，重复按键可以选择测量或保持两个状态。必须注意！当使用电动测试架时，只能设定在测量状态。

后侧板：后侧板的左侧装有带保险丝的电源插座和电源开关，右侧为七芯信号输入插座和 RS232 的九针插头座。

### 2. 电动测试架

电动测试架是一个完整的组件，本身带有开关电源，与步进电机驱动电路，交流电源插头，九芯插头座和七芯输入插头，开关电源的 +5V 电源电压和七芯插头均通过一个九针插头和测试架连接，所以在使用前首先将它插入测试架上的九针座上，七芯输入插头插入主机后侧板上的输入插座中。

接通主机和测试架的 220V 交流电源，测试架的探头就会复位，上升到规定位置。主机在接通电源后，首先运行自检程序，液晶显示器显示公司名称、网址、联系电话，同时指示灯循环点亮一次，最后电流指灯停在 1mA 位置上，电指示灯停在 2V 位置，测量模式指示灯停在电阻率测量模式，测量/保持键则选在测量位置，液晶显示器显示单位为 $k\Omega-cm$，（电阻率测量）液晶显示器的最下面一行显示的 0.628 是探头的修正系数。这是仪器在开机后的优先选择。此时液晶显示器的第一行还没有显示任何数值，因为现在测量还没有开始，接下来可以将被测半导体材料放在测试架的圆形绝缘板的圆心上，把探针保护套取下并保存好，按一下测试架上的启动按键（小红键），随即测试头下降探针和被测工件接触。

稍后显示测量结果，测试头上升。如果测量结果显示"－－－－"则为超量程，可以减小恒流源的设置值或升高电压量程，如果电压量程置于最高，恒流电流置于最小，仍显示超量程则可能是被测工件电阻太大，已超出了本仪器的测量范围，当测量的结果为 0 则可以增大恒流电流或减小电压量程，调整电流或电压量程，直至测量结果可以显示三位以上的读数为最好的量程组合。

在选择量程时必须注意的是，如已知被测工件是半导体并且阻值大于 $10\Omega$ 时，不要使用 $10mA$ 以上的恒流源，原因是 $10mA$ 以上的恒流源使用较低的工作电压，而半导体材料表面的接触电阻又较大，会使恒流源工作不正常。

### 3. 手动测试架

手持测试头，四端子电阻测试夹使用比较简单，只要将七芯输入插头插入输入端，仪器就会连续测量，将探针和工件良好接触，就可在显示器上读出测量结果。

### 4. 常规操作流程

(1)接上电源，开启主机，此时"R□"和"I"指示灯亮。预热约 5min。

(2)检查工作条件：工作温度 23℃±2℃，相对湿度为 65%，满足以上条件方可进行下面操作。

(3)根据硅片的直径厚度以及探针的修正系数，计算出所测硅片和标准样片的电流值。

(4)取下测头保护罩，用酒精棉球擦拭测头及工作平台。

(5)根据每个合同所要求电阻率值的范围，按说明书选择电流量程(表 3-4-3)。

表 3-4-3    电阻率值对应的电流量程

| 电阻率/(Ω·cm) | 电流量程/mA |
|---|---|
| <0.06 | 100 |
| 0.03~0.6 | 10 |
| 0.3~60 | 1 |
| >30 | 0.1 |

(6)用标准样片对测试仪进行校正，在硅片中心处至少检测 3 点，其平均值和标准样片电阻值进行比较，差值在 1.5% 之内，即可进行检测。

(7)将已喷砂好的硅棒或者表面洁净的硅片放入探针架测试台面中心位置进行测试。

(8)探针压在硅棒/片端面上的中心点，十点法要求对上、下端面测量，测量值稳定时读取显示屏显示的电阻率值，并记录测量值。如果有轴向测试要求，则将硅棒轴向端面进行打磨后测试轴向电阻率。

(9)若测量过程中，显示屏出现测量值波动，超出偏差范围，停止工作，检查室温、硅棒测量面及显示器是否出现异常。

(10)整批测量完成,探针加上护罩,升降架下降到测量台面上方 5~8cm 处。关闭电源开关。

## 3.4.5　结果分析

本仪器适用于半导体材料厂、半导体器件厂、科研单位、高等院校对半导体材料的电阻性能测试。

四探针软件测试系统是一个运行在计算机上拥有友好测试界面的用户程序,通过此测试程序辅助使用户简便地进行各项测试及获得测试数据并对测试数据进行统计分析。

测试程序控制四探针测试仪进行测量并采集测试数据,把采集到的数据在计算机中加以分析,然后把测试数据以表格、图形直观地记录、显示出来。用户可对采集到的数据在电脑中保存或者打印以备日后参考和查看,还可以把采集到的数据输出到 Excel 中,让用户对数据进行各种分析。

## 3.4.6　实验注意事项

(1)每次开机后需先测试标准电阻率样片/块,测试值与标称值偏差不能超过 1.5%;

(2)硅棒、硅片测试表面温度需控制在 22~24℃,环境温度控制在 21~25℃;

(3)测试前需确认四探针重复测试精度,针对样片/块同一点测试 3 次,重复测试误差不超过 1%;

(4)被测试表面需与四探针下降方向保持垂直;

(5)被测试表面需利用喷砂、打磨、酒精擦拭等方式使表面平整无异物沾污、无凹坑、无突起;

(6)电阻率测试存在诸多不确定因素,出现偏差大的现象请及时通知相关责任人处理。

(7)每次开机启动,仪器会有一个自动校正和自动预热过程,初测试偶有 5~10 次测试数值不精确视为正常情况。

测量时,预估的样品阻值范围应该选择相对应的电流范围(表 3-4-4)。

**表 3-4-4　电阻率值对应的电流量程**

| 电阻率/(Ω·cm) | 电流挡 |
| --- | --- |
| <0.012 | 100 mA |
| 0.008~0.6 | 10 mA |
| 0.4~60 | 1 mA |
| 40~1200 | 100 μA |
| >800 | 10 μA |

## 3.4.7 思考题

(1)哪些因素会对四探针测试结果造成影响?

(2)据你了解,四探针测试方法在哪些领域和材料上应用比较广泛?请作出概述。

(3)列举测试材料电阻率的其他方法,并与四探针测试法加以比较。

**表 3-4-1 直径修正系数 $F(D/S)$ 与 $D/S$ 值的关系**

| $D/S$值 $\quad F(D/S)$ 位置 | 中心点 | 半径中点 | 距边缘6mm处 |
|---|---|---|---|
| >200 | 4.532 | — | — |
| 200 | 4.531 | 4.531 | 4.462 |
| 150 | 4.531 | 4.529 | 4.461 |
| 125 | 4.530 | 4.528 | 4.460 |
| 100 | 4.528 | 4.525 | 4.458 |
| 76 | 4.526 | 4.520 | 4.455 |
| 60 | 4.521 | 4.513 | 4.451 |
| 51 | 4.517 | 4.505 | 4.447 |
| 38 | 4.505 | 4.485 | 4.439 |
| 26 | 4.470 | 4.424 | 4.418 |
| 25 | 4.470 | — | — |
| 22.22 | 4.454 | — | — |
| 20.00 | 4.436 | — | — |
| 18.18 | 4.417 | — | — |
| 16.67 | 4.395 | — | — |
| 15.38 | 4.372 | — | — |
| 14.28 | 4.348 | — | — |
| 13.33 | 4.322 | — | — |
| 12.50 | 4.294 | — | — |
| 11.76 | 4.265 | — | — |
| 11.11 | 4.235 | — | — |
| 10.52 | 4.204 | — | — |
| 10.00 | 4.171 | — | — |

### 表 3-4-2　厚度修正系数 $F(W/S)$ 与 $W/S$ 值的关系

| $W/S$ 值 | $F(W/S)$ | $W/S$ 值 | $F(W/S)$ | $W/S$ 值 | $F(W/S)$ | $W/S$ 值 | $F(W/S)$ |
|---|---|---|---|---|---|---|---|
| <0.400 | 1.0000 | 0.530 | 0.9962 | 0.665 | 0.9858 | 0.800 | 0.9663 |
| 0.400 | 0.9997 | 0.535 | 0.9960 | 0.670 | 0.9853 | 0.805 | 0.9654 |
| 0.405 | 0.9996 | 0.540 | 0.9957 | 0.675 | 0.9847 | 0.810 | 0.9644 |
| 0.410 | 0.9996 | 0.545 | 0.9955 | 0.680 | 0.9841 | 0.815 | 0.9635 |
| 0.415 | 0.9995 | 0.550 | 0,9952 | 0.685 | 0.9835 | 0.820 | 0.9626 |
| 0.420 | 0.9994 | 0.555 | 0.9949 | 0.690 | 0.9829 | 0.825 | 0.9616 |
| 0.425 | 0.9993 | 0.560 | 0.9946 | 0.695 | 0.9823 | 0.830 | 0.9607 |
| 0.430 | 0.9993 | 0.565 | 0.9943 | 0.700 | 0.9817 | 0.835 | 0.9597 |
| 0.435 | 0.9992 | 0.570 | 0.9940 | 0.705 | 0.9810 | 0.840 | 0.9587 |
| 0.440 | 0.9991 | 0.575 | 0.9937 | 0.710 | 0.9804 | 0.845 | 0.9577 |
| 0.445 | 0.9990 | 0.580 | 0.9934 | 0.715 | 0.9797 | 0.850 | 0.9567 |
| 0.450 | 0.9989 | 0.585 | 0.9930 | 0.720 | 0.9790 | 0.855 | 0.9557 |
| 0.455 | 0.9988 | 0.590 | 0.9927 | 0.725 | 0.9783 | 0.860 | 0.9546 |
| 0.460 | 0.9987 | 0.595 | 0.9923 | 0.730 | 0.9776 | 0.865 | 0.9536 |
| 0.465 | 0.9985 | 0.600 | 0.9919 | 0.735 | 0.9769 | 0.870 | 0.9525 |
| 0.470 | 0.9984 | 0.605 | 0.9915 | 0.740 | 0.9761 | 0.875 | 0.9514 |
| 0.475 | 0.9983 | 0.610 | 0.9911 | 0.745 | 0.9754 | 0.880 | 0.9504 |
| 0.480 | 0.9981 | 0.615 | 0.9907 | 0.750 | 0.9746 | 0.885 | 0.9493 |
| 0.485 | 0.9980 | 0.620 | 0.9903 | 0.755 | 0.9738 | 0.890 | 0.9482 |
| 0.490 | 0.9978 | 0.625 | 0.9898 | 0.760 | 0.9731 | 0.895 | 0.9471 |
| 0.495 | 0.9976 | 0.630 | 0.9894 | 0.765 | 0.9723 | 0.900 | 0.9459 |
| 0.500 | 0.9975 | 0.635 | 0.9889 | 0.770 | 0.9714 | 0.905 | 0.9448 |
| 0.505 | 0.9973 | 0.640 | 0.9884 | 0.775 | 0.9706 | 0.910 | 0.9437 |
| 0.510 | 0.9971 | 0.645 | 0.9879 | 0.780 | 0.9698 | 0.915 | 0.9425 |
| 0.515 | 0.9969 | 0.650 | 0.9874 | 0.785 | 0.9689 | 0.920 | 0.9413 |
| 0.520 | 0.9967 | 0.655 | 0.9869 | 0.790 | 0.9680 | 0.925 | 0.9402 |
| 0.525 | 0.9965 | 0.660 | 0.9864 | 0.795 | 0.9672 | 0.930 | 0.9390 |
| 0.935 | 0.9378 | 1.10 | 0.8939 | 1.85 | 0.6718 | 2.60 | 0.5098 |
| 0.940 | 0.9366 | 1.15 | 0.8793 | 1.90 | 0.6588 | 2.65 | 0.5013 |
| 0.945 | 0.9354 | 1.20 | 0.8643 | 1.95 | 0.6460 | 2.70 | 0.4931 |
| 0.950 | 0.9342 | 1.25 | 0.8491 | 2.00 | 0.6337 | 2.75 | 0.4851 |
| 0.955 | 0.9329 | 1.30 | 0.8336 | 2.05 | 0.6216 | 2.80 | 0.4773 |
| 0.960 | 0.9317 | 1.35 | 0.8181 | 2.10 | 0.6099 | 2.85 | 0.4698 |
| 0.965 | 0.9304 | 1.40 | 0.8026 | 2.15 | 0.5986 | 2.90 | 0.4624 |
| 0.970 | 0.9292 | 1.45 | 0.7872 | 2.20 | 0.5875 | 2.95 | 0.4553 |
| 0.975 | 0.9279 | 1.50 | 0.7719 | 2.25 | 0.5767 | 3.00 | 0.4484 |
| 0.980 | 0.9267 | 1.55 | 0.7568 | 2.30 | 0.5663 | 3.2 | 0.422 |
| 0.985 | 0.9254 | 1.60 | 0.7419 | 2.35 | 0.5562 | 3.4 | 0.399 |
| 0.990 | 0.9241 | 1.65 | 0.7273 | 2.40 | 0.5464 | 3.6 | 0.378 |
| 0.995 | 0.9228 | 1.70 | 0.7130 | 2.45 | 0.5368 | 3.8 | 0.359 |
| 1.00 | 0.9215 | 1.75 | 0.6989 | 2.50 | 0.5275 | 4.0 | 0.342 |

# 3.5 电化学传感器的信号采集及数据分析

## 3.5.1 实验目的

(1)了解电化学传感器的概念。
(2)了解电化学传感器敏感元件的构建过程。
(3)掌握电化学传感器的基本工作原理。
(4)掌握电化学传感器的信号采集及数据处理方法。

## 3.5.2 实验原理

电化学传感器作为与生命科学相关的基础学科之一,为研究生物分子和化学分子生命现象的化学本质提供了重要信息。电化学传感器是化学传感器的重要组成部分,是发展最为成熟和应用最广的一类传感器,也是近二十年来发展较快的电化学测试和监测技术,更是目前科学研究的热点。电化学传感器具有智能化、小型化、快速化的特点,具有广阔的发展前景。

电化学传感器是将分析对象的化学或生物信息按照一定规律转换为电信号输出的传感器件或装置,其工作原理如图 3-5-1 所示。常应用于生命物质和化学物质的分析和检测,例如:葡萄糖、氨基酸类、核酸、过氧化氢、酶、抗体、抗原、微生物、细胞等。由于生物分子和化学分子识别作用具有专一性,而且电化学信号的响应迅速,决定了电化学传感器能够显示良好的敏感性与选择性,它是直接、快速获取复杂体系组成信息的理想分析工具。

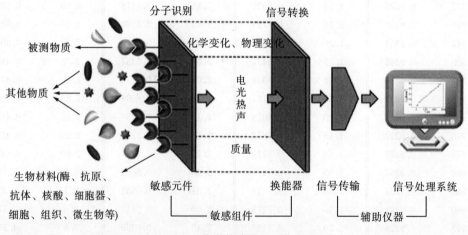

图 3-5-1 电化学传感器的工作原理图

### 1. 电化学传感器的类型

电化学传感器检测的信号有电位(Potential)、电流(Current)、电阻(Impedance)、电容(Capacitance)和频率(Frequency)等，这些电化学信号变化可以直接测量得到。按照电化学响应机理的不同可以把电化学传感器分为电流型、电位型、电导型等。

(1)电流型传感器：通过施加一定的电压测量其响应电流，对被测物质进行定量检测的一种电化学传感器。电流分析法的电流常选择有限值，电压波可以是脉冲线性或方波等复合形式，施加电压的扫描防线可正可负。电流分析法根据分析技术的不同分为循环伏安法、时间-电流曲线法和差分脉冲伏安法等。这种传感器使用的电化学分析仪器通常为三电极系统：工作电极、参比电极和对电极。其中常用的工作电极为玻碳电极、碳糊电极、金电极和氧化铟锡电极等。

(2)电位型传感器：这种传感器的工作原理是在电极平衡时，测定指示电极与参比电极的电位差与响应离子活度的对数的线性关系来确定物质的活度，实现了对不同离子浓度的分析检测。在现有的电位型化学传感器中，最经典的就是离子传感器，即离子选择电极。离子传感器中出现最早、研究最多的是 pH 传感器。离子传感器具有便捷、灵敏、快速、准确和低成本等优点，适合于现场实时分析检测。

(3)电阻型传感器：又称为电导型传感器，是将待测物氧化或还原后电解质溶液的电导变化作为信号输出，实现待测物的分析检测。主要分为电导滴定法和直接电导法。但是电阻型传感器的选择性比较差，主要是因为这种传感器所测定的电导值是样品中所有离子电导的总和，很难单独分析测定其中某一种离子。

本实验主要研究电流型电化学传感器，以铜电极上原位生长的 CuO 电极为敏感元件实现对葡萄糖的定量电化学检测。CuO 是一种半导体材料，其高活性的 Cu(Ⅱ)/Cu(Ⅲ) 氧化还原电对保证了其对葡萄糖优异的电催化活性。其原理如式(3-5-1)~式(3-5-3)所示，首先 Cu(Ⅱ)在一定电位下氧化成 Cu(Ⅲ)，高活性的 Cu(Ⅲ)将葡萄糖催化氧化为葡萄糖酸，而自身发生还原反应重新恢复 Cu(Ⅱ)状态，电化学工作站通过采集氧化还原过程中产生的响应电流大小来定量判断葡萄糖溶液的浓度。

$$CuO + OH^- \rightarrow CuOOH + e^- \tag{3-5-1}$$

$$CuO + H_2O + 2OH^- \rightarrow Cu(OH)_4^- + e^- \tag{3-5-2}$$

$$Cu(Ⅲ) + R_1 - CHOH - R_2 \rightarrow R_1 - CHO - R_2 + Cu(Ⅱ) \tag{3-5-3}$$

### 2. 主要的电化学测试

(1)循环伏安法定性判断电极的响应能力。如果电极对葡萄糖有一定的催化作用，则在一定电压下将葡萄糖氧化为葡萄糖酸，表现为循环伏安曲线上电流的增大，电流增大程度越高说明电极的催化效果越好；电流开始增大的临界电位也可以表征电极材料的催化活性，临界电位越低说明催化活性越好。

(2)电化学传感器的指标标定。采用时间电流曲线得到在一定电位下葡萄糖浓度和响应电流的关系，用软件拟合可以在一定浓度范围内得到电流和浓度的线性响应，则该浓度范围即为电化学传感器的工作范围，该直线的斜率即为电化学传感器的灵敏度；采用空白溶液中伏安的多次扫描来判断工作电位下所能分辨的最小电流，根据信噪比为 3 的原理将有效电流信号代入所得方程即可计算得到最低的检测浓度，即为电化学传感器的检测限。

### 3. 电化学传感器稳定性和选择性测试

(1)稳定性测试。采用该工作电极在不同时间测试同一浓度样品或在短时间内测试多个相同浓度样品来评估电化学传感器的测试稳定性；在较长时间跨度内多次测量同一份样品来评估传感器的时间稳定性。

(2)选择性测试。在测试葡萄糖信号的同时加入其他人体内存在的干扰物质（如抗坏血酸、尿酸等），观察传感器响应信号的变化，通过对比干扰电流的大小可以直接判断传感器的测试选择性。

## 3.5.3　试剂与仪器

试剂：氢氧化钠、葡萄糖、氧化铝抛光粉、盐酸、乙醇、过硫酸钾等。

仪器：Autolab 工作站、电子天平、铜柱状电极、氯化银参比电极、铂盘电极、移液枪、水浴、烧杯、容量瓶等。

## 3.5.4　实验步骤

### 1. 溶液的配置

(1)电解液的配置：本实验电化学测试电解液为氢氧化钠，配置 0.1mol/L 氢氧化钠溶液 1000mL，常温保存待用。

(2)葡萄糖溶液的配置：配置不同浓度葡萄糖溶液（2mol/L，1mol/L，0.4mol/L，0.2mol/L）各 100mL，置于冰箱中过夜陈化后使用。

(3)碱性过硫酸钾溶液的配置：以 0.25mol/L 氢氧化钠溶液为溶剂配置 0.01mol/L 的过硫酸钾溶液作为氧化剂。

### 2. 铜电极的预处理

将直径为 3mm 的铜电极置于 25% 盐酸中浸泡 15min 以去除表面氧化层，蒸馏水超声清洗后依次用 $1.5\mu m$、$1.0\mu m$、$0.3\mu m$ 的氧化铝浆在麂皮上抛光至镜面，每次抛光后移入超声水浴中清洗，每次 2~3min，重复 3 次。

### 3. 氧化铜电极的制备

(1)用量筒称取 20mL 碱性过硫酸钾溶液置于 50mL 烧杯中，将烧杯置于水浴中加热至 85℃；

（2）将预处理的铜电极工作面朝下浸入碱性过硫酸钾溶液中，反应 30min 取出，铜电极工作面变为黑色氧化铜。

#### 4. 氧化铜电极对葡萄糖的电化学检测

1）循环伏安法定性分析

（1）取 40mL 0.1mol 氢氧化钠置于 50mL 烧杯中作为支持电解液，通入氩气 15min 进行除氧。

（2）按照图 3-5-2 的方式连接外电路。

（3）设置扫描参数，0～0.7V 范围内分别记录铜电极和氧化铜电极在空白氢氧化钠溶液中的循环伏安信号，观察电极本身电化学性质的变化。

（4）设置扫描参数，0～0.7V 范围内分别在空白氢氧化钠溶液和含 0.5mmol/L、1mmol/L、1.5mmol/L、2.0mmol/L 葡萄糖的氢氧化钠溶液中进行伏安扫描，将所得到的伏安曲线进行对比，通过伏安电流变化定性判断电极对葡萄糖的检测能力。

（5）记录 0～0.7V 电压范围内不同扫速的循环伏安图，判断电流与扫描速度之间的关系从而明确电极的动力学控制因素。

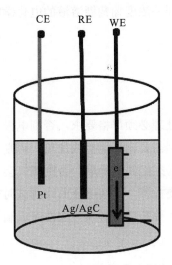

图 3-5-2　测试平台搭建示意图

2）传感器指标标定

（1）在不同工作电位下，向搅拌的氢氧化钠底液中连续移入相同浓度的葡萄糖溶液，两次移入间隔时间为 30s，记录电极响应电流随时间的变化曲线；兼顾响应电流大小、稳定性、响应时间等因素选择最优化的工作电位。

（2）在最优工作电位下，向搅拌的氢氧化钠底液中连续移入不同浓度的葡萄糖溶液，两次移入间隔时间为 30s，记录电极响应电流随时间的变化曲线。

（3）根据所记录的时间电流 $I\text{-}T$ 曲线得到葡萄糖浓度和响应电流之间的关系，经线性拟合得到传感器的线性工作方程，其中方程的斜率即为传感器灵敏度，浓度与响应电流保持线性的范围即为线性工作范围(相关系数大于 0.99)。

### 5. 传感器选择性、稳定性和重复性测试

1)选择性

在工作电位下，向搅拌的氢氧化钠底液中依次加入一定浓度的葡萄糖溶液和抗坏血酸、尿酸、果糖、氯化钠等干扰物质溶液(干扰物质与葡萄糖的浓度比为 1∶10)，记录时间电流曲线并统计所有物质所对应的响应电流以判断传感器对葡萄糖的选择性。

2)稳定性

(1)在工作电位下，向搅拌的氢氧化钠底液中加入一定浓度的葡萄糖溶液，记录3600s 内响应电流的变化以判断传感器响应随测试时间的稳定性。

(2)使用同一根电极，在工作电位下测试对同一浓度葡萄糖的响应电流，每两天测试一次，共记录 30 天，研究传感器响应电流随天数的变化以判断其室温稳定性。

3)重复性

(1)使用同一根电极，在工作电位下连续测试对同一浓度葡萄糖溶液的响应电流 10次以上，计算标准偏差以判断电极重复性。

(2)测试同一批次电极对同一浓度葡萄糖溶液的电化学响应，计算标准偏差以判断电极制作的重复性。

## 3.5.5　实验注意事项

(1)铜电极的酸蚀和抛光处理必须严格要求，否则电极氧化不能顺利实现。

(2)高浓度葡萄糖溶液配制需要剧烈搅拌或加热，否则溶解速度很慢。

(3)所有氢氧化钠电解液必须经氩气除氧，否则氧气会对测试造成影响。

(4)循环伏安测试时不需要搅拌，时间电流曲线测试时需要搅拌。

(5)向氢氧化钠底液中移入葡萄糖时必须一次性完成滴加，并且尽量保证加入的位置与工作电极的距离保持一致。

## 3.5.6　思考题

(1)电化学传感器的优缺点分别是什么？

(2)响应电流和电流的区别是什么？

(3)电化学传感器的主要指标参数有哪些？分别采用什么方法标定？

# 循环伏安测试方法

以 Autolab 电化学工作站操作软件 Nova 为例：

(1)打开图标为 的 Nova 软件，初始界面和功能分区如图 3-5-3 所示。

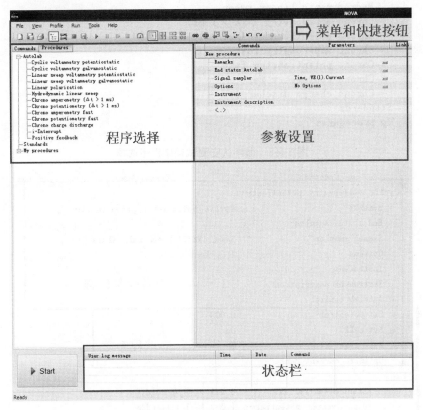

图 3-5-3　Nova 软件初始界面

(2)打开工作站电源，当状态栏显示内容如图 3-5-4 所示，表明设备已经成功连接电脑。

| User log message | Time | Date | Command |
| --- | --- | --- | --- |
| Autolab/USB connected (μ3AUT71083) | 11:05:43 AM | 6/15/2016 | - |
| Autolab/USB connection lost (μ3AUT71083) | 11:13:54 AM | 6/15/2016 | - |
| Autolab/USB connected (μ3AUT71083) | 11:43:17 AM | 6/15/2016 | - |

图 3-5-4　成功连接至电脑时状态栏显示

(3)在初始界面程序选择位置双击所需程序进行选择，如图 3-5-5 所示选择循环伏安测试程序。

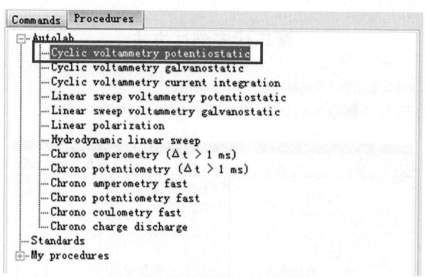

图 3-5-5　循环伏安测试程序程序选择

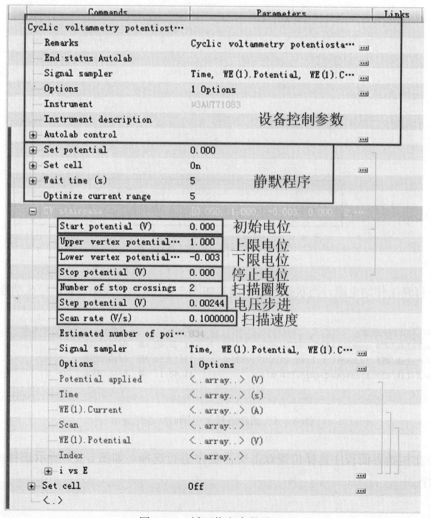

图 3-5-6　循环伏安参数设置

(4)在初始界面参数设置一栏设置测试参数，如图 3-5-6 所示在相应位置设置循环伏安扫描的参数，其中设备控制参数和静默程序没有特殊要求不需要修改。

(5)按图 3-5-2 所示连接外电路，检查程序无误后点击 Start 按钮开始伏安测试。

(6)测试完毕后软件自动停止运行，在所得图形界面上点击右键，选择复制或者复制数据，可将对应图形和数据导出软件进行分析处理。

# 时间电流曲线测试方法

以 Autolab 电化学工作站操作软件 Nova 为例：

(1)打开图标为 ▇ 的 Nova 软件，界面和功能区如图 3-5-7 所示。

(2)打开电化学工作站电源，当状态栏如图 3-5-4 显示时，表明设备已成功连接至电脑软件。

(3)如图 3-5-7 所示双击选择测试程序。

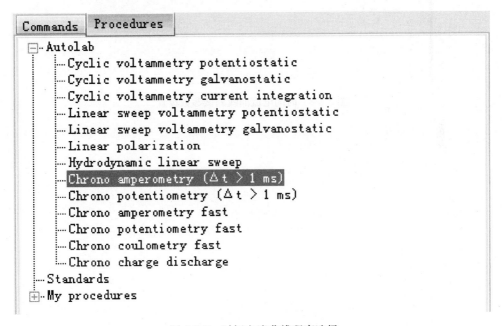

图 3-5-7　时间电流曲线程序选择

(4)如图 3-5-8 所示设置相应测试参数。

(5)按照 3.5.4 第 4 小节第 2 部分的操作要求进行测试。

(6)测试完毕后软件自动停止运行，在所得图形界面上点击右键，选择复制或者复制数据，可将对应图形和数据导出软件进行分析处理。

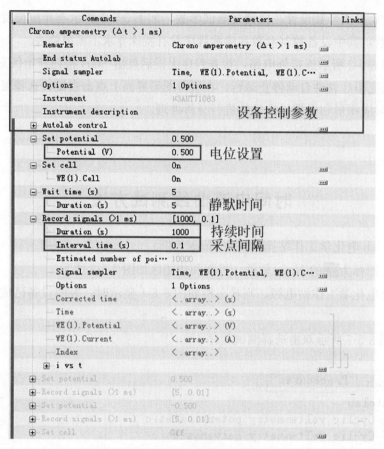

图 3-5-8　时间电流曲线测试参数设置

# 3.6 光谱电化学测定极化子的稳态吸收光谱

## 3.6.1 实验目的

(1)学习利用电化学与紫外可见近红外吸收光谱联用技术测试有机光伏器件中极化子(电荷)的稳态吸收光谱。

(2)理解共轭聚合物、富勒烯衍生物的氧化与还原过程。

(3)了解电化学与其他光谱技术的联用。

(4)掌握有机电解质溶液的配置。

## 3.6.2 实验原理

近年来,随着石化能源的日益枯竭与环境问题的日趋严重,清洁的太阳能资源受到各国政府、企业和科技界的高度重视。有机薄膜太阳能电池具有重量轻、柔性、大面积制备等突出优点,已成为当前的研究热点。但有机光伏电池的光电转换效率还比较低,离实际应用所要求的转换效率(>15%)仍有一定距离。为此,以人们希望通过以光"生"电的时间过程为主线,探究其光电转换过程,并找到其中的限制因素。超快时间分辨光谱是研究光电功能材料光电转换过程最为常用的技术,以有机共轭聚合物/富勒烯体系为例,其光电转换主要体现为光子吸收、激子生成、激子扩散与解离、极化子产生、电荷的传输与收集等过程(图 3-6-1),这一过程中极化子的产生可以理解为"延迟产生"。但

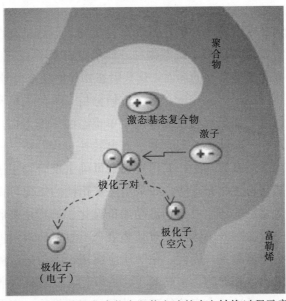

图 3-6-1 有机共轭聚合物太阳能电池的光电转换过程示意图

该过程也受到一些研究人员的质疑，他们认为聚合物材料在光激发的瞬间（<100 fs）就能产生极化子，即为"即时产生"。从这里可以看出，不管极化子属于哪种产生行为，只要能够正确识别极化子光谱信息，对理解聚合物太阳能电池的光电转换过程具有重要意义。

所谓"极化子"可以理解为电荷，即电子或空穴连同它们引起的环境畸变。在无机光电材料中，由于晶格的刚性，某位点的电荷不至于诱发环境畸变。但在无序的有机材料中则不然，分子某处的电荷就可导致整个分子的形变，电荷从一个分子传到另一分子必须先提供形变所需的能量，即克服极化子结合能或重组能，极化子的形成会降低存储电荷的能量，从而将局域极化子的两个带推入到带隙中（图 3-6-2a）。局域极化子有三种跃迁形式，$P_1$、$P_2$ 和 $P_3$，但由于能级的宇称交替变化，使得同种宇称间跃迁禁戒，所以 $P_3$ 是跃迁禁戒的。在聚合物薄膜中，处于不同链上的极化子之间存在强烈耦合，使极化子能级发生劈裂，产生处于不同聚合物链上的离域极化子（图 3-6-2b）。离域极化子有两种跃迁形式：$DP_1$ 和 $DP_2$，局域极化子和离域极化子跃迁形式满足能量关系：$E_{P_1} + E_{P_2} = E_{DP_1} + E_{DP_2}$。

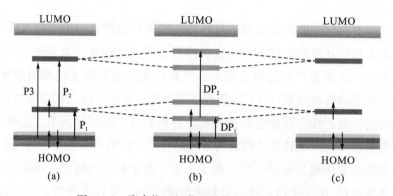

图 3-6-2　聚合物正极化子的能级和光跃迁形式

时间分辨吸收光谱技术可实现对极化子的直接检测，但这里存在一个问题，即共轭聚合物光电转换过程中常常存在多个瞬态物种，如单重态激子、三重态激子、界面转移态激子、极化子对、极化子等共存的局面，这些瞬态物种的光谱信号在时间上相互交叠，给光电转换过程的分析造成了极大难度。为了方便分析，科研人员常用一些辅助手段先识别某些物种的特征属性，如条纹相机技术确定单重态激子的寿命，纳秒闪光光解技术指认三重态激子等。这样一来就极大地方便了光电转换过程分析。针对极化子特征吸收光谱的测定，常采用的手段有掺杂法，如用碘掺杂可确定聚合物正极化子的特征吸收光谱。此外，还有化学氧化与还原光谱法，如采用三氯化铁的氧化可得到聚合物正极化子的特征吸收光谱，用氢化钠的还原可得到富勒烯负极化子的特征吸收光谱。但化学法存在一定局限性，即它主要在溶液中进行，对某些聚合物材料而言，极化子在溶液中与薄膜中的特征吸收光谱有明显差别，因此，化学法应慎用。除前述两种指认方法外，光谱电化学方法还可全方位测定聚合物、富勒烯正、负极化子的特征吸收光谱，这就是本实验要学习和使用的方法。通过对本实验的理论学习与实践操作，有助于加强对有机光电功能材料光电转换行为的理解，可为学生将来从事相关科研工作或技术检测工作打下坚实的基础。

### 1. 共轭聚合物的电氧化与还原的原理

基于共轭聚合物结构：由交替的单、双键结构构成，其中双键属于 $\pi - \pi^*$ 电子跃迁结构，当聚合物链上的一个 $\pi - \pi^*$ 结构被氧化，即让其失去一个电子，那么在这个失去电子的 $\pi - \pi^*$ 邻近单、双键结构就会因此而发生键的交替变化，即空穴移动。相反，当聚合物链上的一个 $\pi - \pi^*$ 结构被还原，即得到一个电子，这时电子会在这个 $\pi - \pi^*$ 结构的邻近单元移动。若是在固态薄膜中，发生电子的得失过程，即可反映正、负极化子在光活性层中的传输过程。

### 2. 聚合物/富勒烯稳态阳、阴离子与其瞬态正、负极化子的关系

聚合物/富勒烯光活性层在吸收光子后能够产生各种激发态物种，如聚合物热激子、单重态激子、界面电荷转移态激子等，这些激发态物种在一定条件下能够转化为带电物种，如富勒烯正、负极化子，聚合物正、负极化子等。正、负极化子是聚合物或富勒烯在瞬态光激发条件下得失电子的表现形式。而阴、阳离子是聚合物或富勒烯在稳态电激发条件下得失电子的表现形式。根据能级跃迁形式，聚合物或富勒烯阳、阴离子的稳态吸收光谱与它们的正、负极化子的瞬态吸收光谱是相似的。因此，测得共轭聚合物/富勒烯阳、阴离子的稳态吸收光谱，就可以指认它们的瞬态正、负极化子光谱。

### 3. 光谱电化学原理与其联用技术

光谱电化学是在同一电解池内将电化学方法与光谱测试方法结合在一起的技术。以电为激发信号，体系对电激发信号的响应则以光谱技术进行监测，通过光谱识别产物，进而确定反应历程。电化学方法与光谱技术的搭配方式多样化，使得光谱电化学技术的应用范围极为广泛，从过去以测量电流、电位、电容等宏观参数的研究深入到分子微观水平的研究。尤其对研究电极过程机理、电极表面特性、鉴定反应过程的中间体、瞬间状态和产物性质、测量电化学参数（电极电位、电子转移数、电极反应速率常数、扩散系数）以及热力学常数等提供了十分有力的支持。

## 3.6.3　仪器和试剂

试剂：硝酸银、正丁基六氟磷酸铵、高氯酸钠、乙腈、烧杯、邻二氯苯、聚-3 己基噻吩（P3HT）、[6,6]-苯基-$C_{61}$-丁酸甲酯（PCBM）、无水乙醇、氯仿、蒸馏水、丙酮、异丙醇、洗涤剂、氧化铟锡导电玻璃等。

仪器：紫外可见近红外光谱仪、比色皿、电子天平、铂丝、旋涂仪、手套箱、加热台、烘箱、恒电位仪、非水相 $Ag/Ag^+$ 参比电极、超声振荡清洗仪和玻璃刀等。

## 3.6.4　实验步骤

### 1. ITO 导电玻璃的清洗

首先用玻璃刀将 ITO 玻璃切割成 4 cm×0.9 cm 的长条电极，其次采用如下的清洗流程清洁 ITO 电极。

(1)将 ITO 玻璃取出放入基片架上，放入烧杯中，加入洗涤剂和蒸馏水，超声清洗 15 min。

(2)将 ITO 玻璃取出，用无尘布沾无水乙醇轻搓 ITO 导电面。

(3)将 ITO 玻璃放入蒸馏水中，超声清洗 15 min 后，再重复两次。

(4)将 ITO 玻璃放入丙酮中，超声清洗 15 min。

(5)将 ITO 玻璃放入氯仿中，超声清洗 15 min。

(6)将 ITO 玻璃放入异丙醇中，超声清洗 15 min。

(7)将清洁的 ITO 玻璃放入烘箱中烘干备用。

### 2. 光活性层薄膜的制备

这里为了做对比实验，特制备三类光活性层薄膜。第一类是纯的 P3HT 薄膜；第二类是纯的 PCBM 薄膜；第三类是 P3HT：PCBM 共混薄膜。关于纯 P3HT 薄膜的制备：先用邻二氯苯溶解 P3HT，制备成浓度为 20 mg/mL 的溶液，磁力搅拌 12h 至充分溶解。然后采用旋涂仪将 20 mg/mL 的 P3HT 溶液旋涂于 ITO 玻璃的导电面上。纯 PCBM 薄膜的制备：采用氯仿溶解 PCBM，制备成浓度为 4 mg/mL 的溶液，磁力搅拌 12h 至充分溶解，采用涂布法均匀地制备 PCBM 薄膜。P3HT：PCBM 共混薄膜的制备：P3HT、PCBM 按 1：1 的量进行称取，以邻二氯苯为溶剂，配制成 20 mg/mL 的混合溶液，磁力搅拌 12h 至充分溶解，然后再旋涂混合溶液制备成薄膜。纯的 P3HT 薄膜与 P3HT：PCBM 共混薄膜可在邻二氯苯的溶剂蒸气环境中进行退火处理。

### 3. 电解质溶液及参比电极的制备

对于电解质溶液，可以根据不同的情况进行配制，可以采用正丁基六氟磷酸铵为电解质，也可以用高氯酸钠等盐作为电解质。在本实验中，将正丁基六氟磷酸铵作为电解盐溶于乙腈溶剂中，浓度为 0.1 mol/L。用含 0.1 mol/L 的正丁基六氟磷酸铵溶液溶解 0.01 mol/L 的 $AgNO_3$，并用注射器将其注入参比电极中，以制备成 $Ag/AgNO_3$ 电极。

### 4. 阴、阳离子特征吸收光谱的测定

将三电极体系(含光活性层的 ITO 工作电极、对电极 Pt、$Ag/Ag^+$)共置于含电解质溶液的电解池中。将此电解池置于测试光路中，并将各电极连接恒电位仪。打开紫外可

见近红外光谱仪(UV-4100)及其测试软件,调整测试参数,如:测试光学吸收范围、扫描速度等,并设置好数据保存路径。施加氧化或还原电位测定极化子的光学吸收数据,具体操作过程如下。

第一步:将电化学池固定于吸收光谱仪的光路之中,再将各电极固定于电化学中,各电极与电源相连,然后再将电解质溶液加入电化学池中。

第二步:打开 U-4100 光谱仪,预热 10 min 后,打开电脑,点击 U-4100 的光谱测试软件,并连接 U-4100 光谱仪,结果如图 3-6-3 所示界面。

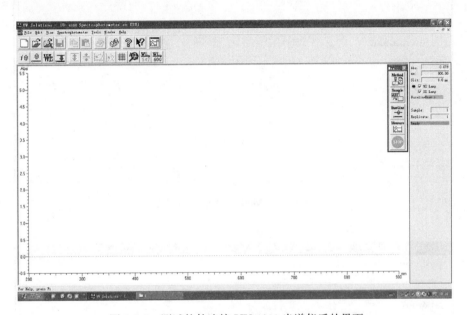

图 3-6-3　测试软件连接 UV-4100 光谱仪后的界面

第三步:在测试软件中设置各项参数:如测试的类型、波长范围、扫描步长等参数,点击图 3-6-3 界面右边的 Method,可得到图 3-6-4 所示界面。在 General 中仪器存在三种测量模式,波长扫描模式、时间扫描模式和能量扫描模式,这里我们选择波长扫描模式即可。然后点击 Instrument,出现图 3-6-5 所示界面。图 3-6-5 中所示的界面可以对数据的模式(吸收、透过、反射等)进行选择,这里我们选择吸收模式;可以对波长的扫描范围进行设置,如 300~2200 nm,此外,还可以对扫描的速度、基线等参数进行设置。之后点击 Monitor,得到如图 3-6-6 所示界面,在该界面中可以设定 $Y$ 轴的显示范围。点击 Report 项,可弹出图 3-6-7 所示的界面,在该页面中可以设置数据的输出格式与范围。这里,数据的输出范围设定为与前面波长扫描一样的范围,即 300~2200 nm。将所有的参数设定好后,点击"确定"即可。

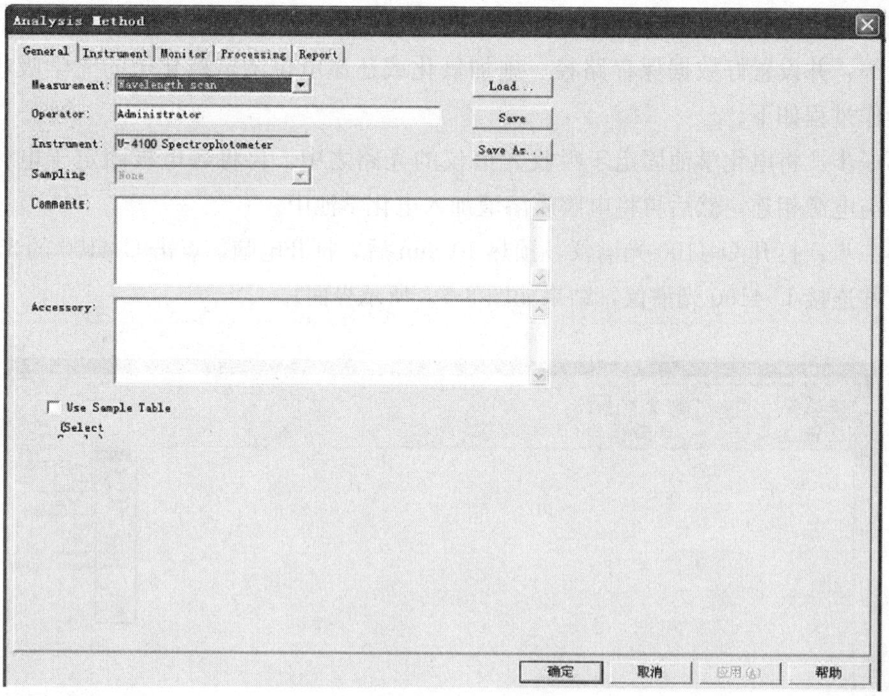


图 3-6-4　Method 参数设置界面

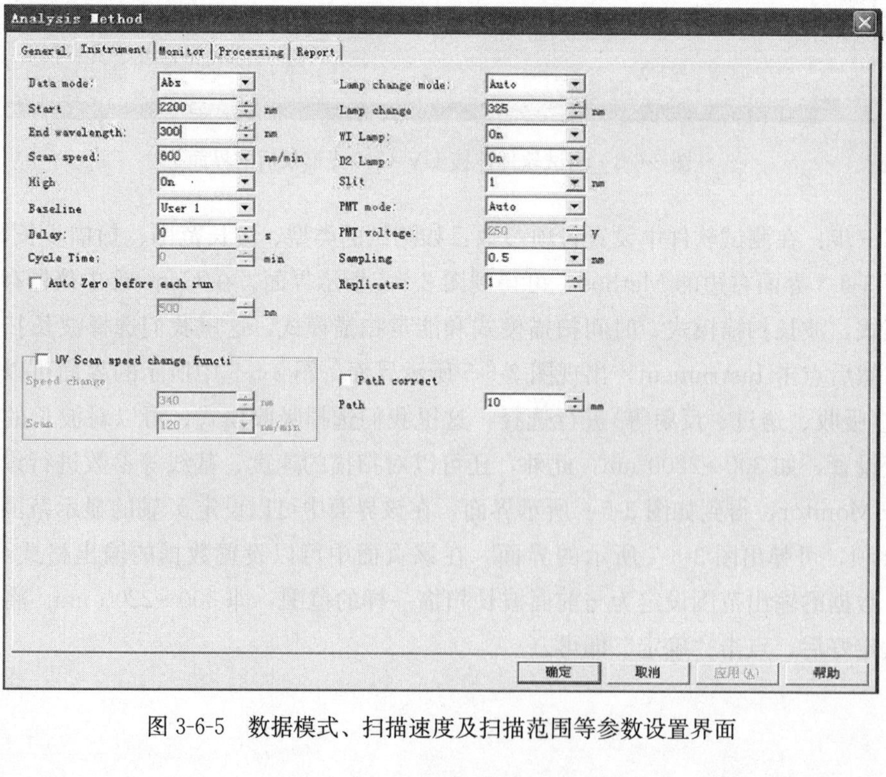


图 3-6-5　数据模式、扫描速度及扫描范围等参数设置界面

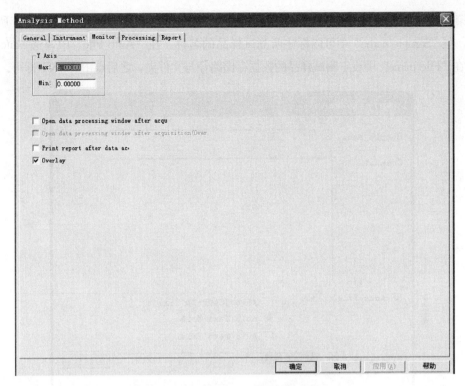

图 3-6-6　吸收值显示范围的设置界面

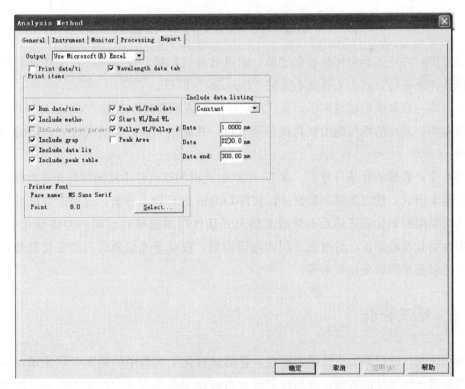

图 3-6-7　数据输出格式及范围的设置界面

第四步：设置数据的保存路径，点击主界面右边的"Sample"，即可弹出图3-6-8所示的界面，在"Sample name"中可以标注所测试样品的名称。在"Auto File"中勾选Auto Text file，在"File name"中设定测试样品的数据存储路径与文件夹，之后点击"OK"即可。

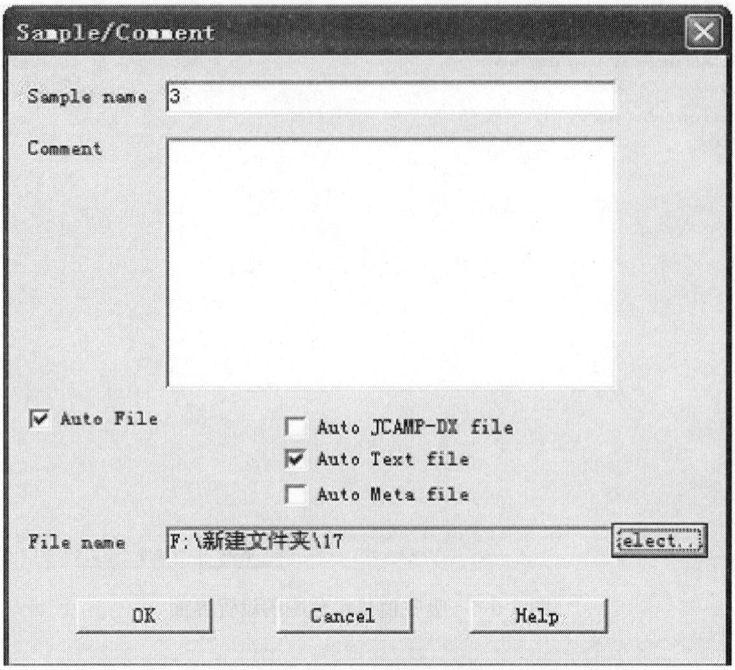

图 3-6-8　数据名称、类型及保存路径的设置界面

第五步：在正式测定样品数据之前，需进行基线扫描，保证同一批测试都在同一基线扫描条件下进行。点击主界面右边的"Baseline"即可。

第六步：在基线扫描结束后，正式测定样品本征数据时，点击"Measure"即可。

第七步：对光活性层施加氧化或还原电位，并测量光活性层的吸收光谱随时间的变化过程。

第八步：数据的收集与分析。在U-4100的光谱测试软件中将测得的光谱数据保存为.txt的文本形式，使之能够用数据分析软件Origin进行导入分析。这里的数据处理方法采用光活性层经氧化或还原后的吸收光谱与光活性层本征吸收谱间的差谱形式来表达。分析聚合物和富勒烯正、负极化子间的光谱差别，极化子光谱随时间的变化趋势，以及极化子光谱随形貌的变化关系等。

## 3.6.5　结果分析

举例说明：通过调节活性层的形貌，并测试极化子在其中的稳态吸收光谱，可分析出形貌对其光谱特征的影响，进而探究形貌对极化子电学与光学性能的影响，数据可采用差减谱进行分析（Origin软件）。现展示部分正、负极化子的特征吸收光谱，分别如图

3-6-9 和图 3-6-10 所示。

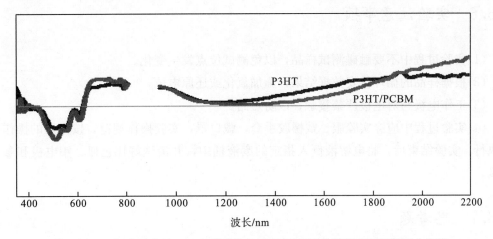

图 3-6-9　正极化子在纯 P3HT 薄膜和 P3HT/PCBM 共混膜中的特征吸收光谱

从图 3-6-9 可知，P3HT 正极化子的光谱电化学图谱主要由两部分构成，在可见区 400～650 nm，这部分可称为电漂白区间，代表聚合物 P3HT 的氧化消耗。在可见至近红外区间，即 650～2200 nm 区间代表正极化子的生成与吸收，其中 650～1200 nm 区间为 P2 极化子的吸收带（其中又包含离域的极化子和局域的极化子），1200 nm 以后为 P1 极化子的吸收带。在纯的 P3HT 光活性层中掺杂等比例的 PCBM 后，光谱电化学图谱发生了一些明显的变化，诸如电漂白区域、离域极化子以及 P1 极化子带，这说明形貌对极化子的性能具有重要的影响。

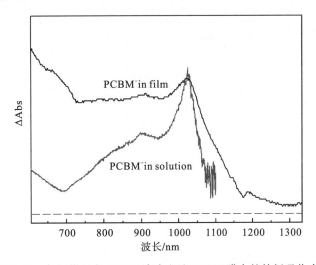

图 3-6-10　负极化子在 PCBM 溶液和纯 PCBM 膜中的特征吸收光谱

同样地，形貌对 PCBM 负极化子的性能产生了重要的影响，从图 3-6-10 中可以看出，700～1300 nm 区间，PCBM 负极化子在固相中的吸收带宽明显大于其在溶液相中的带宽，一定程度上暗示着负极化子在薄膜结晶相中的传输性能强于单独分散形式的 PCBM 颗粒。

### 3.6.6　实验注意事项

(1)实验过程中不要触碰测试样品，以免测试位点发生变化。

(2)根据样品的循环伏安数据结果，施加氧化或还原电位。

(3)工作电极与对电极严禁接触，以防短路。

(4)实验过程中应穿实验服、戴橡胶手套，戴口罩，实验操作规范，按仪器的操作规程执行。实验结束后，将电解液倒入指定的废液桶中，并清洗好比色皿、铂电极和参比电极。

### 3.6.7　思考题

(1)以 P3HT 的氧化为例，工作电极与对电极的氧化与还原过程是怎样的？

(2)哪些因素会影响 P3HT 正极化子的吸收光谱？

(3)采用何种方法可以快速地确定聚合物的氧化与还原电位？

(4)PCBM 容易被还原，却难以被氧化，主要原因是什么？

(5)能否运用光谱技术测定共轭小分子的极化子光谱？

(6)若将电化学技术与拉曼光谱、红外光谱技术联用，并以此研究聚合物/富勒烯光伏体系，将会得到哪些信息？

# 3.7 太阳能电池性能测试

## 3.7.1 实验目的

(1)学会评价太阳能电池的性能,掌握主要性能参数的物理意义。

(2)了解太阳能量子效率概念及其测试方法。

(3)掌握太阳能电池的测试原理与方法。

## 3.7.2 实验原理

在电池生产过程中,由于材料的不同以及生产工艺各异等因素的影响,各种不同类型电池的性能都不一样。为了确定太阳电池的特性参数,以便对生产出的电池进行分选,同时分析不同的材料和生产工艺对太阳能电池性能的影响,有必要开发一套电池检测设备来测试太阳能电池的电性能。I-V 测试主要用来测试太阳能电池在模拟光照下的特征参数,是太阳能电池生产链中最重要和最常用的测试,直接反映了太阳能电池的性能。目前国际上在太阳能电池检测行业领先的公司有 SPIRE、BELVAL、SPECTTO-LAB 等。我国从 20 世纪 70 年代就开始对太阳能电池检测的研究,并确定了一套太阳能电池检测规范,但是由于世界各国对太阳能电池的量值不统一,因此,通过太阳能电池国际对比活动,目前全球已经形成了一致的光伏计量标准。

### 1. 太阳能电池工作原理

太阳能电池工作原理的基础是半导体 PN 结的光生伏特效应。所谓光生伏特效应就是当物体受到光照时,物体内的电荷分布状态发生变化而产生电动势和电流的一种效应。当太阳光或其他光照射半导体的 PN 结时,就会在 PN 结的两边出现电压,叫做光生电压。

当光照射到 PN 结上时,产生电子-空穴对,在半导体内部 P-N 结附近生成的载流子没有被复合而到达空间电荷区,受内部电场的吸引,电子流入 N 区,空穴流入 P 区,结果使 N 区储存了过剩的电子,P 区有过剩的空穴。它们在 P-N 结附近形成与势垒方向相反的光生电场。光生电场除了部分抵消势垒电场的作用外,还使 P 区带正电,N 区带负电,在 N 区和 P 区之间的薄层就产生电动势,这就是光生伏特效应。

光伏效应的一般包括以下 3 个过程,如图 3-7-1 所示。

1)PN 结的形成

太阳能半导体晶片

2)载流子激活

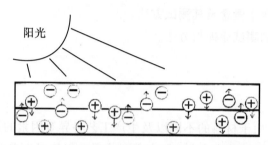

晶片受光过程中带正电的空穴往P型区移动
带负电的电子往N型区移动

3)载流子迁移

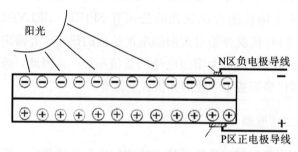

晶片受光后负电子从N区负电极流出
空穴从P区正电极流出

图 3-7-1　光伏效应的 3 个过程

## 2. 伏安特性测试原理

太阳能电池伏安特性测试系统一般包括光源、标准电池、电池固定装置、负载电阻、温度计、数据采集、记录及显示模块等。一定照度的光源照射在太阳能电池表面，使其产生电能；标准电池用于测量光源的辐照度，作为被测电池的参考；电池固定装置用于安装太阳能电池以及调整其正对光源；负载电阻接在电池的外围电路上，形成回路，通过改变电阻大小来改变太阳能电池的输出特性，目前很多测试系统都采用电子负载作为负载电阻；温度计用于测量太阳能电池的背表面温度，以达到标准测试条件的要求；数据采集、记录及显示模块能够完成太阳能电池的输出电压、输出电流的采集以及 $V\text{-}I$ 特性曲线的显示等。

太阳能电池的测试主要是对各个性能参数的测试，包括短路电流、开路电压、最大输出功率、最佳工作电压、最佳工作电流、光电转换效率、填充因子等。

1）短路电流 $I_{sc}$

端电压为 0 时，通过太阳能电池的电流称为短路电流，通常用 $I_{sc}$ 表示。它是伏安特性曲线与纵坐标的交点所对应的电流。短路电流 $I_{sc}$ 的大小与太阳电池的面积有关，面积越大，$I_{sc}$ 也越大，一般 $1cm^2$ 单晶硅太阳能电池的 $I_{sc}$ 为 $16\sim30mA$。短路电流 $I_{sc}$ 是描述太阳能电池性能的重要指标之一。令 $U_L=0$，代入：

$$I_L = I_{ph} - I_0[\exp(qU_L/AKT) - 1]$$

得短路电流：

$$I_{sc} = I_{ph}$$

2）开路电压 $U_{oc}$

太阳能电池在空载时的端电压，称为开路电压，通常用 $U_{oc}$ 表示。它是伏安特性曲线与横坐标的交点所对应的电压，也是描述太阳能电池性能的一个重要参数。太阳能电池的开路电压与面积大小无关，一般情况下，单晶硅太阳能电池的开路电压约为 $450\sim600mV$，最高也可达 $700mV$。

$$U_{oc} = (1/\beta)\ln[I_{sc}/I_0 + 1]$$

式中，$\beta$、$I_0$ 是常数。

3）伏安特性曲线

理想状态下的太阳能电池伏安特性曲线如图 3-7-2 所示。

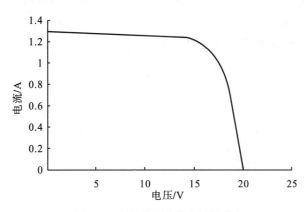

图 3-7-2 太阳能电池伏安特性曲线

太阳能电池的伏安特性曲线是指太阳能电池的负载阻值从 0 变化到 ∞ 时输出的电压与电流值之间的关系。在运用电子负载进行实验测试时，只需将电子负载调节在恒压模式，设定太阳能的输出电压从 0 变化到开路电压 $U_{oc}$，记录数据，即可得到伏安特性曲线。

如图 3-7-3 所示，根据太阳能电池 $I$-$U$ 特性曲线和 $P$-$U$ 特性曲线就可以得出太阳能电池的最大功率点、最大功率点电压、电流、转换效率以及填充因子等参数。

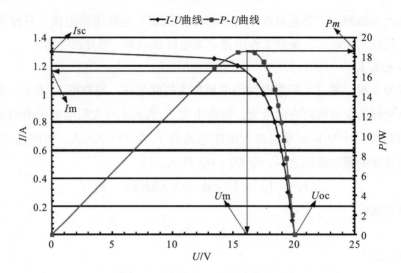

图 3-7-3　太阳能电池的各参数特征图

4）最大输出功率 $P_m$

太阳能电池伏安特性曲线中最大功率所对应的点，通常用 $P_m$ 表示，表达式可以写作

$$P_m = U_m I_m$$

5）最佳工作电压 $U_m$

太阳能电池伏安特性曲线中最大功率点所对应的电压，通常用 $U_m$ 表示。

6）最佳工作电流 $I_m$

太阳能电池伏安特性曲线中最大功率点所对应的电流，通常用 $I_m$ 表示。

7）光电转换效率 $\eta$

太阳能电池将光能转换成电能的最大输出功率，与入射到其表面上的全部辐射功率的百分比，称为太阳能电池的光电转换效率，即

$$\eta = (I_m U_m)/(A_t P_{in})$$

8）填充因子 $FF$

填充因子是表征太阳能电池性能优劣的一个重要参数，是检验太阳能电池性能的重要依据。通常把太阳能电池的最大输出功率，与太阳能电池开路电压和短路电流的乘积之比，作为填充因子，用 $FF$ 表示，即

$$FF = (I_m U_m)/(I_{sc} U_{oc})$$

其中 $I_{sc} U_{oc}$ 是极限输出功率，$I_m U_m$ 是最大功率。

9）影响因素条件下的测试原理

在实验室测试中，光强的强弱很容易改变，然而在户外测试中，光强的改变不可能依靠太阳的东升西落来实现，而可以通过改变太阳能电池的安装角度来改变入射到太阳能电池表面的光照强度；负载类型的影响测试则可以通过调节直流电子负载来实现；温度的测试需要得到的是相同照度且不同温度下的测试结果，数据采集相对比较困难，需要长时间的数据积累；对于阴影的测试，同样存在阴影面积的实际大小难以控制的问题，

因此在实验中可以考虑利用已知面积的卡片覆盖进行测试以及说明。

### 3. 太阳能电池的量子效率

太阳能电池的量子效率是指太阳能电池的电荷载流子数目与照射在太阳能电池表面一定能量的光子数目的比率。因此，太阳能电池的量子效率与太阳能电池对照射在太阳能电池表面的各个波长的光的响应有关。

太阳能电池的量子效率与光的波长或者能量有关。如果对于一定的波长，太阳能电池完全吸收了所有的光子，并且我们搜集到由此产生的少数载流子(例如，电子在 P 型材料上)，那么太阳能电池在此波长的量子效率为 1。对于能量低于能带隙的光子，太阳能电池的量子效率为 0。

用强度可调的偏置光照射太阳能电池，模拟其不同的工作状态，同时测量太阳能电池在不同波长的单色光照射下产生的短路电流，从而得到太阳能电池的绝对光谱响应与量子效率。

太阳能电池的量子效率系统主要由氙灯光源、斩波器、单色仪、锁相放大器、棱镜光学系统、控制设备与控制软件组成。其测量原理是通过光源从单色仪出射的单色光，分别照射在被测硅探测器(如太阳能电池、染料敏化太阳能电池、光电二极管等)与标准硅探测器上，然后测量它们的短路电流，再比较电流值的方法得出光谱响应度。

## 3.7.3　仪器与试剂

(1)IV 曲线测试系统：包括太阳光模拟器、半导体控温仪、Keithley2400 数字原表、计算机及控制软件等组成。

(2)IPCE 测试系统：由氙灯、锁相放大器、斩波器、光谱仪、暗箱、计算机及操作软件组成。

## 3.7.4　实验步骤

### 1. IV 曲线测试

(1)依次打开太阳光模拟器预热 30min，打开半导体控温仪，控制测试温度为 25℃，依次打开数字原表，计算机和控制软件。

(2)安装标准太阳能电池，调节太阳光模拟器电源功率调节旋钮，点击测试软件的测试按钮，测试结果与中国计量院标定结果进行比对，直至关键参数，如 $PSC$、$V_{OC}$、$J_{sc}$、$FF$ 和标定结果一致，完成光源强度校准。

(3)安装待测试太阳能电池，移至光源下，软件上操作并测试太阳能电池曲线。

(4)依次关闭软件、计算机、数字原表、半导体控温仪及总电源。

(5)导出 IV 测试数据，采用 Origin8.0 软件绘制 IV 曲线，根据曲线计算出 $V_{OC}$、$J_{SC}$、$FF$、$PCE$ 等性能参数，并对太阳能电池的性能进行评价。

### 2. 外量子效率测试

(1)依次打开斩波器、氙灯、预热 30min。

(2)打开光谱仪、锁相放大器、计算机及操作软件。

(3)安装标准电池，测试标准电池电流－电压光谱响应。

(4)安装待测电池，测试待测电池电流－电压光谱响应。

(5)保存数据，关闭软件、氙灯电源及其他附件。

(6)导出数据，绘制 IPCE 曲线，评价太阳能电池的性能。

## 3.7.5  实验注意事项

(1)系统的光源与 IPCE 测试系统的光源必须预热 30min 以上，且中途不能开关，否则需重新预热。

(2)开关机顺序必须严格按照操作规程。

(3)光伏特效测试过程中待测电池不要长时间暴露在光源下，否则会因为表面温度偏高引起测试结果的不准确。

## 3.7.6  思考题

(1)通过太阳能电池的性能参数测试的 IV 曲线，说明造成太阳能电池光电转换效率损失的原因。

(2)造成外量子效率损失可能有哪些因素？

(3)怎样校正标准太阳光模拟器？

(4)如何测算电池的有效面积？

# 3.8　发光材料测试技术

## 3.8.1　实验目的

(1)掌握荧光分光光度计的测试原理。

(2)掌握测试荧光粉的荧光测试、数据分析。

## 3.8.2　实验原理

### 1. 荧光的定义

某些物质受紫外光或可见光照射激发后能发射出比激发光波长更长的光。

### 2. 荧光产生的原理

荧光物质分子吸收了特定频率辐射后，由基态跃迁至第一电子激发态(或更高激发态)的任一能级，这种激发态分子以热能的形式损失部分能量后，回到第一电子激发态的最低振动能级(无辐射跃迁)。然后再以辐射形式去活化跃迁到电子基态的任一振动能级，产生荧光(图 3-8-1)。由于无辐射跃迁的概率大，因此分子荧光波长通常比激发光波长长。

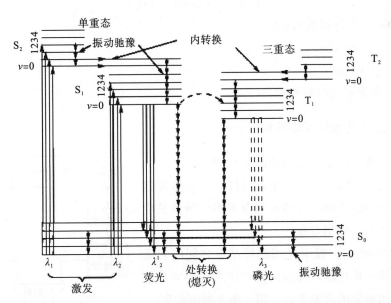

图 3-8-1　分子单重态、三重态能级结构及分子荧光、磷光产生示意图

具体表现为：由高压汞灯或氙灯发出的紫外光和蓝紫光经滤光片照射到样品池中，

激发样品中的荧光物质发出荧光，荧光经过滤过和反射后，被光电倍增管所接受，然后以图或数字的形式显示出来。物质荧光的产生是由在通常状况下处于基态的物质分子吸收激发光后变为激发态，这些处于激发态的分子是不稳定的，在返回基态的过程中将一部分的能量以光的形式放出，从而产生荧光。

不同物质由于分子结构的不同，其激发态能级的分布具有不同的特征，这种特征反映在荧光上表现为各种物质都有其特征荧光激发和发射光谱，因此可以用荧光激发和发射光谱的不同来定性地进行物质的鉴定。

1）荧光激发光谱

激发光谱是荧光物质在不同波长的激发光作用下测得的某一波长处的荧光强度与激发波长的关系，也就是不同波长的激发光的相对效率。激发光谱反映了不同波长的光激发材料的效果。根据激发光谱可以确定激发该发光材料使其发光所需的激发光波长范围，以及某发射谱线强度最大时的最佳激发光波长

2）荧光发射光谱

荧光发射光谱是某一固定波长的激发光作用下荧光强度在不同波长处的分布情况，也就是荧光中不同波长的光成分的相对强度或能量分布。许多发光材料的发射光谱是连续谱带，由一个或几个峰状的曲线所组成，这类曲线可以用高斯函数表示。还有一些材料的发射光谱比较窄，甚至呈谱线状。

3）时间分辨技术

可用于对混合物中光谱重叠但有寿命差异的组分进行分辨并分别测量。时间分辨荧光测定公式如下：

$$P(t) = P_0 \exp(-t/\tau)$$

式中，$P(t)$——拟合指数函数；

$P_0$——强度取值；

$t$——时间取值；

$\tau$——荧光平均时间寿命。

### 3. 荧光分光光度计基本结构

荧光分光光度计基本结构如图 3-8-2 所示。

（1）光源。为高压汞蒸气灯或氙灯，要求能发射出强度较大的连续光谱，光辐射强度基本不随波长变化且又有足够长的使用寿命。

（2）激发单色器。置于光源和样品室之间的为激发单色器或第一单色器，其作用是提供所需要的单色光，即筛选出特定的激发光谱，用来激发被测物质。

（3）发射单色器。置于样品室和检测器之间的为发射单色器或第二单色器，常采用光栅为单色器。筛

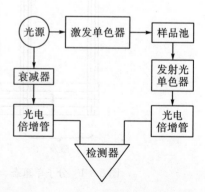

图 3-8-2  荧光分光光度计基本结构

选出特定的发射光谱。

(4)样品池。通常由石英池(液体样品用)或固体样品架(粉末或片状样品)组成。测量液体时,光源与检测器成直角安排;测量固体时,光源与检测器成锐角安排。

(5)检测器。一般用光电倍增管作检测器。可将光信号放大并转为电信号,放大倍数最大达 $10^8 \sim 10^9$ 倍。

## 3.8.3 仪器与试剂

F-7000 荧光分光光度计、荧光粉(发光材料)。

## 3.8.4 实验步骤

### 1. 开机

(1)开启计算机。

(2)开启仪器(F-7000 荧光分光光度计)主机电源。按下仪器主机左侧面板下方的黑色按钮(POWER)。同时,观察主机正面面板右下角的 Xe LAMP 和 RUN 指示灯依次亮起来,都显示绿色。

### 2. 计算机进入 Windows XP 视窗后,打开运行软件

(1)双击桌面图标(FL Solution 2.1 for F-7000)。主机自行初始化,扫描界面自动进入。

(2)初始化结束后,须预热 15~20min,按界面提示选择操作方式。

### 3. 测试模式的选择:波长扫描(wavelength scan)

(1)点击扫描界面右侧"Method"。

(2)在"General"选项中的"Measurement"选择"Wavelength scan"测量模式。

(3)在"Instrument"选项中设置仪器参数和扫描参数。主要参数包括:

①选择扫描模式"Scan Mode":Emission/Excitation/Synchronous(发射光谱、激发光谱和同步荧光)。

②选择数据模式"Data Mode":Fluorescence/Phosphorescence/Luminescence(荧光测量、磷光测量、化学发光)。

③设定波长扫描范围。

A. 扫描荧光激发光谱(Excitation):需设定激发光的起始/终止波长(EX Start/End WL);

B. 扫描荧光发射光谱(Emission):需设定发射光的起始/终止波长(EM Start/End

WL)；

C. 扫描同步荧光（Synchronous）：需设定激发光的起始/终止波长（EX Start/End WL）和荧光发射波长（EM WL）。

④选择扫描速度"Scan Speed"（通常选 240nm/min）。

⑤选择激发/发射狭缝（EX/EM Slit）。

⑥选择光电倍增管负高压"PMT Voltage"（一般选 700V）。

⑦选择仪器响应时间"Response"（一般选 Auto）。

⑧选择"Report"设定输出数据信息、仪器采集数据的步长（通常选 0.2nm）及输出数据的起始和终止波长（Data Start/End）。

（4）参数设置好后，点击"确定"。

### 4. 设置文件存储路径

（1）点击扫描界面右侧"Sample"。

（2）样品命名"Sample name"。

（3）选中"□Auto File"，打"√"。可以自动保存原始文件和 txt 格式文本文档数据。

（4）参数设置好后，点击"OK"。

### 5. 扫描测试

（1）打开盖子，放入待测样品后，盖上盖子。

（2）点击扫描界面右侧"Measure"（或快捷键 F4），窗口出现扫描图谱。

### 6. 数据处理

（1）选中自动弹出的数据窗口。

（2）选择"Trace"，进行读数并寻峰等操作。

（3）上传数据。

### 7. 关机顺序（逆开机顺序实施操作）

（1）关闭运行软件 FL Solution 2.1 for F-7000。

（2）选中"○Close the lamp, then close the monitor windows?"，打"⊙"。

（3）点击"Yes"。窗口自动关闭。同时，观察主机正面面板右侧的 Xe LAMP 指示灯暗下来，而 RUN 指示灯仍显示绿色。

（4）约 10min 后，关闭仪器主机电源，即按下仪器主机左侧面板下方的黑色按钮（POWER）（目的是仅让风扇工作，使 Xe 灯室散热）。

（5）关闭计算机。

### 3.8.5　实验注意事项

(1)注意开机顺序。步骤 1-(2)若是未先开主机，则程序会抓取不到主机讯号。

(2)注意关机顺序。

(3)为延长仪器使用寿命，扫描速度、负高压、狭缝的设置一般不宜选在高档。

(4)关机后必须半小时(等 Xe 灯温度降下)后方可重新开机。

### 3.8.6　思考题

(1)为什么在主机初始化结束后要预热 10～20min?

(2)测试结束后，为什么要先用软件关闭氙灯 10min 后，再关闭主机电源?

# 3.9 光色测试技术

## 3.9.1 实验目的

(1)掌握光谱分析测试系统的测试原理。

(2)掌握测试荧光粉的荧光测试、数据分析。

(3)掌握荧光粉及白光 LED 的光色(色坐标)测试。

## 3.9.2 实验原理

### 1. 基本原理

1)色坐标和色品图

颜色事实上是主观量。为客观、统一地评价光源或物体的颜色,CIE(国际照明委员会)在大量的心理学和物理学的基础上推荐"CIE 1931 XYZ 标准色度系统",自然界中的全部颜色均能在 CIE 1931 XYZ 标准色度系统的马蹄形色品图中找到,并可由色品坐标$(x,y)$表示(图 3-9-1)。

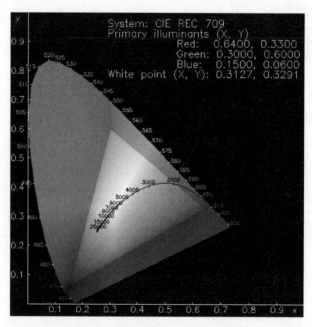

图 3-9-1 CIE1931XYZ 系统色品图

2）色温

图 3-9-1 中间的一条黑色曲线表示黑体在不同温度下辐射光的颜色坐标点的轨迹，如果某一发光体颜色与一定温度下的黑体辐射光有相同的颜色，即在色度图上坐标相同，则称该黑体的温度为发光体的色温。

3）显色指数

光源对物体的显色能力称为显色性，对于人造光源，显色性表示物体在光下颜色与基准色（太阳光）照明时颜色的偏离。

CIE 推荐定量评价光源显色性的方法，显色指数 $R_a$ 在 0～100 分布，$R_a=100$ 时显色性最好，数值越小，显色性越差。为了考核发光体的显色指数，CIE 规定了 14 种标准试验色，计算被测光和相同色温的黑体辐射分别照明试验色色板时两者的颜色差别 $\Delta E$，即可求得特殊显色指数 $R_i$：

$$R_i = (100 - 4.6 \times \Delta E_i) \quad (i = 1, 2, \cdots, 14)$$

试验色 1～8 号求得的 8 个特殊显色指数的平均值称为一般显色指数 $R_a$：

$$R_a = \frac{1}{8} \sum_{i=1}^{8} R_i$$

综上所述，只要测得被测光源的相对光谱功率分布就可以计算出其色品坐标、相关色温和显色指数，同时，经过光度参数的标定，可测量光通量、照度、亮度等光度学参数。

**2. 积分球介绍**

积分球是指具有高反射性内表面的空心球体。是用来对处于球内或放在球外并靠近某个窗口处的试样对光的散射或发射进行收集的一种高效率器件。

积分球又称为光通球，是一个中空的完整球壳。内壁涂白色漫反射层，且球内壁各点漫射均匀。可用于测试光源的光通量、色温、光效等参数。球上的小窗口可以让光进入并与检测器靠得较近。

**3. 积分球测光原理**

积分球测光的基本原理是光通过采样口被积分球收集，在积分球内部经过多次反射后非常均匀地散射在积分球内部。

一束光由积分球入口 $A$ 进入（图 3-9-2），射到球内壁 $B$，再经球内壁多次漫反射之后，到达球壁上任一出口 $C$ 的光照度 $E$ 都是积分球内壁多次漫反射的积分，即

$$E = \frac{\Phi}{4\pi R^2} \cdot \frac{\rho}{1-\rho} \tag{3-9-1}$$

式中，$R$ 为积分球半径、$\rho$ 为积分球内壁反射率，$R$ 和 $\rho$ 均为常数。

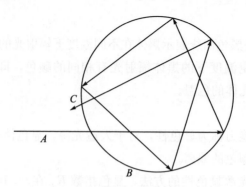

图 3-9-2　积分球原理

因此在球壁上任意位置的光照度 $E$ 与入射光通量 $\Phi$ 成正比，并且球壁上任意点的光照度 $E$ 是相等的。通过测量球壁窗口上的光照度 $E$，就可求出输入的光通量 $\Phi$。使用积分球来测量光通量时，可使测量结果更为可靠，积分球可降低并除去由光线的形状、发散角度及探测器上不同位置的响应度差异所造成的测量误差。

**4. 光色测试系统的结构**

如图 3-9-3 所示，荧光灯置于积分球内发出的光线或荧光粉通过激发装置发出的荧光通过光纤后，被汇聚在单色仪的入射狭缝内，经单色仪分光后的单色光由单色仪出射狭缝射出，并由光电倍增管(PMT)转换成电信号，再经电路放大处理及 A/D 转换后传送给微控制器，由微控制器将数字信号传送给计算机。单色仪分光的光栅驱动，在计算机的控制下由微控制器驱动控制，实现 380~780nm 的光谱测量。

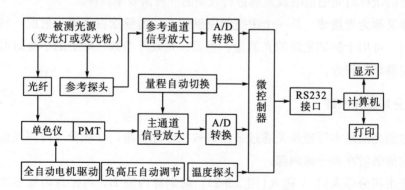

图 3-9-3　光电测试系统结构及原理图

## 3.9.3　仪器与试剂

LED 光色电测试系统、荧光粉(发光材料)或 LED 灯珠。

## 3.9.4　实验步骤

### 1.　测试设备操作流程

(1)打开电脑。

(2)打开主机电源，预热 30min，再打开相对亮度仪。

(3)定标(亮光激发光源，50W 标准灯，26V，2.11A)。

①装上光纤及各种电源线装置；

②载入 $BaSO_4$；

③打开标准灯(关闭房间灯，确保房间无其他外来光)；

④打开软件、标光谱、荧光粉、开始、存盘、退出；

⑤关灯；

⑥完成。

(4)拆下标准灯，装上激发光源，连接电源 5V，20mA。

(5)载入待测荧光粉或灯珠。

(6)打开软件、荧光粉、开始、存盘、完成。

(7)关电源、相对亮度仪、主机、电脑。

### 2.　测试总流程

(1)选取一种荧光粉，测其荧光光谱(激发光谱：PL excitation spectrum 和发射光谱：PL emission spectrum)。

(2)分析光谱数据，找出该荧光粉的有效激发区、最佳激发波长、发射峰值波长，大致判断该荧光粉的光色特点。

(3)根据上述荧光粉的光谱中激发光谱的信息，选择适当的光源(主要因素为其发光波长)作为激发该荧光粉的激发光源，然后采用光色综合测试系统对荧光粉的色坐标进行测试，读出其色坐标，判断其光色。

## 3.9.5　实验注意事项

主机上的狭缝宽度调解时不能超出 0~3mm 范围，调好后最好固定。

## 3.9.6　思考题

为什么打开主机后要预热 30min?

表 3-9-1　常用的物理常数

| 物理常数 | 符号 | 最佳实验值 | 单位(SI) |
|---|---|---|---|
| 真空光速 | $c$ | $299792458\pm1.2$ | m/s |
| 阿伏伽德罗常数 | $N_A$ | $(6.022045\pm0.000031)\times10^{23}$ | $mol^{-1}$ |
| 普适气体常数 | $R$ | $8.31441\pm0.00026$ | $J\cdot K^{-1}\cdot mol^{-1}$ |
| 玻尔兹曼常数 | $k$ | $(1.380662\pm0.000041)\times10^{-23}$ | $J\cdot K^{-1}$ |
| 理想气体摩尔体积 | $V_m$ | $(22.41383\pm0.00070)\times10^{-3}$ | $m^3\cdot mol^{-1}$ |
| 基本电荷(元电荷) | $e$ | $(1.6021892\pm0.0000046)\times10^{-19}$ | C |
| 原子质量单位 | $u$ | $(1.6605655\pm0.0000086)\times10^{-27}$ | kg |
| 电子静止质量 | $m_e$ | $(9.109534\pm0.000047)\times10^{-31}$ | kg |
| 电子荷质比 | $e/m_e$ | $(1.7588047\pm0.0000049)\times10^{-11}$ | $C\cdot kg^{-1}$ |
| 质子静止质量 | $m_p$ | $(1.6726485\pm0.0000086)\times10^{-27}$ | kg |
| 中子静止质量 | $m_n$ | $(1.6749543\pm0.0000086)\times10^{-27}$ | kg |
| 法拉第常数 | $F$ | $(9.648456\pm0.000027)\times10^{4}$ | $C\cdot mol^{-1}$ |
| 真空电容率 | $\varepsilon_0$ | $(8.854187818\pm0.000000071)\times10^{-12}$ | $F\cdot m^{-1}$ |
| 普朗克常数 | $h$ | $(6.626176\pm0.000036)\times10^{-34}$ | $J\cdot s$ |
| 精细结构常数 | $a$ | $7.2973506(60)\times10^{-3}$ | |
| 质子电子质量比 | $m_p/m_e$ | $1836.1515$ | |

表 3-9-2　基本国际制单位

| 量的名称 | 单位名称 | 符号 | |
|---|---|---|---|
| | | 中文 | 国际 |
| 长度 | 米 | 米 | m |
| 质量 | 千克(公斤) | 千克(公斤) | kg |
| 时间 | 秒 | 秒 | s |
| 电流 | 安[培] | 安 | A |
| 热力学温度 | 开[尔文] | 开 | K |
| 发光强度 | 坎[德拉] | 坎 | cd |
| 物质的量 | 摩[尔] | 摩 | mol |

# 参考文献

[1] 阿伦·J 巴德，拉里·R 福克纳. 电化学方法原理和应用（第二版）[M]. 邵元结，朱果逸，董献堆，等译. 北京：化学工业出版社，2016.

[2] 查全性. 电极动力学导论（第三版）[M]. 北京：科学出版社，2002.

[3] 戴宝通，郑晃忠. 太阳能电池技术手册[M]. 北京：人民邮电出版社，2006.

[4] 范雄. 金属 X 射线学[M]. 北京：机械工业出版社，1996.

[5] 菲利普. 物理科学中的数据处理和误差分析[M]. 桂林：广西师范大学出版社，2006.

[6] 费业泰. 误差理论与数据处理[M]. 北京：机械工业出版社，2005.

[7] 郭鹤桐，姚素薇. 基础电化学及其测量[M]. 北京：化学工业出版社，2008.

[8] 郭素枝. 扫描电镜技术及其应用[M]. 厦门：厦门大学出版社，2006.

[9] 和彦苓. 实验室安全与管理[M]. 北京：人民卫生出版社，2014.

[10] 胡荣. 有机半导体材料聚 3-己基噻吩和酞菁氧钛的光电性质研究[D]. 北京：中国人民大学，2014.

[11] 姜辛，孙超，洪瑞江，等. 透明导电氧化物薄膜[M]. 北京：高等教育出版社，2008.

[12] 卡尔·H 哈曼，安德鲁·哈姆内特，沃尔夫·菲尔施蒂希. 电化学（第二版）[M]. 陈艳霞，夏兴华，蔡俊，等译. 北京：化学工业出版社，2009.

[13] 梁骏吾. 太阳能电池——材料、制备工艺及检测[M]. 北京：机械工业出版社，2009.

[14] 刘志明. 材料化学专业实验教程[M]. 哈尔滨：东北林业大学出版社，2007.

[15] 马礼敦. 近代 X 射线多晶体衍射[M]. 北京：化学工业出版社，2006.

[16] 祁景玉. 现代分析测试技术[M]. 上海：同济大学出版社，2006.

[17] 沙定国. 误差分析与数据处理[M]. 北京：北京理工大学出版社，1993.

[18] 沈刚. 中文版 Excel 2010 电子表格实用教程[M]. 北京：清华大学出版社，2014.

[19] 施明哲. 扫描电镜和能谱仪的原理与实用分析技术[M]. 北京：电子工业出版社，2015.

[20] 孙家跃，杜海燕，胡文祥. 固体发光材料[M]. 北京：化学工业出版社，2003.

[21] 孙建之. 材料合成与制备实验[M]. 北京：化学工业出版社，2013.

[22] 孙以材，刘新福，高振斌，等. 微区薄层电阻四探针测试仪及其应用[J]. 固体电子学研究与进展，2002，(1)：93-99.

[23] 汤爱涛，胡红军，杨明波. 计算机在材料工程中的应用[M]. 重庆：重庆大学出版社，2007.

[24] 唐典勇，张元勤，刘凡. 计算机辅助物理化学实验[M]. 北京：化学工业出版社，2013.

[25] 田昭武. 电化学研究方法[M]. 北京：科学出版社，1984.

[26] 徐叙瑢，苏勉曾. 发光学与发光材料[M]. 北京：化学工业出版社，2004.

[27] 杨庆玲，撒立军. Excel 2010 从入门到精通[M]. 北京：人民邮电出版社，2013.

[28] 杨序纲，杨潇. 原子力显微术及其应用[M]. 北京：化学工业出版社，2012.

[29] 姚琲. 扫描隧道与扫描力显微镜分析原理[M]. 天津：天津大学出版社，2009.

[30] 张大同. 扫描电镜与能谱仪分析技术[M]. 广州：华南理工大学出版社，2009.

[31] 张伟. 聚合物 P3HT 和 PFDTBT 与富勒烯共混光伏体系的电荷产生动力学[D]. 哈尔滨：哈尔滨工业大学，2013.

[32] 张学记，鞠熀先，约瑟夫·王. 电化学与生物传感器：原理、设计及其在生物医学中的应用[M]. 张书圣，李

　　　雪梅，杨涛，等译. 北京：化学工业出版社，2009.

[33] 周剑平. 精通 Origin7.0[M]. 北京：北京航空航天大学出版社，2004.

[34] 邹建新. 材料科学与工程实验指导教程[M]. 成都：西南交通大学出版社，2010.

[35] Brabec C J，Sariciftci N S，Hummelen J C. Plastic solar cells[J]. Advanced Functional Materials，2001，11
　　　(1)：15-26.

[36] GB13690—2009. 化学品分类和危险性公示通则[S].

[37] GB7144—1999. 气瓶颜色标志[S].

[38] Hu R，Zhang W，Fu L M，et al. Spectroelectrochemical characterization of anionic and cationic polarons in poly
　　　(3-hexylthiophene) /fullerene blend. Effects of morphology and interface[J]. Synthetic Metals，2013，169
　　　(1)：41-47.

[39] Osterbacka R，An C P，Jiang X M，et al. Two-dimensional electronic excitations in self-assembled conjugated
　　　polymer nanocrystals[J]. Science，2000，287 (54)：839-42.

[40] Tong M，Coates N E，Moses D，et al. Charge carrier photogeneration and decay dynamics in the poly (2, 7-
　　　carbazole) copolymer PCDTBT and in bulk heterojunction composites with PCBM[J]. Physical Review B Con-
　　　densed Matter，2010，81 (12)：760-762.